ファイナンス・ライブラリー 14

確率制御の基礎と応用
―― Stochastic Control: Theory and Applications ――

辻村元男／前田 章 著

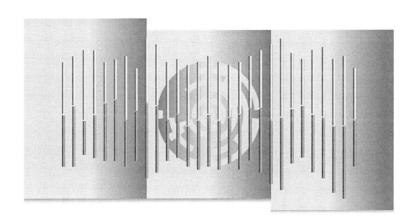

朝倉書店

は じ め に

本書の目的

　本書は確率制御理論とその応用について概観するものである．確率制御 (stochastic control) とは，最適制御 (optimal control) の一種で，特に確率的要素が存在する場合を扱うものである．最適制御とは，機械的システムや物理的なシステムを操作して（これを制御：control という），利用者にとって「最適」な形に導くことを指す．ここにいう「最適」とは，なんらかの評価基準で考えて最も良いあるいは望ましいということである．通常，便益やコストといった具体的な指標を定め，それを最大化する，あるいは最小化することを指して，「最適」と定義する．

　たとえば，車を運転する人が，現地点からある目的地に向かって運転を行うとしよう．運転手はハンドル，アクセル，ブレーキを操作して（制御して），車を目的地まで運ぶわけであるが，その際，最短距離で行きたいとか最短時間で行きたいとか燃料消費を最小にしたい，など，ある目標を定める．そしてその目標を達成するのに最も適した運転を行うよう努力する．このような目標はしばしば「目的関数」あるいは「評価基準」と呼ばれる．

　どのような運転が最適であるかは，目標の設定次第である．しかし，そのような目標を目指すにしても，そもそもできることとできないことがあるという点にも留意しなくてはならない．たとえば，どんなに速く走りたくても，その車の性能上の最高速度以上の速度は出せない．また，街の中を通る限りは，道路として整備された場所しか走れず，物理的な直線距離はどのようにしても走れない．すなわち，制御には，多くの「制約条件」が課せられているのである．

　一般に，一定の制約条件のもとで，特定の目的関数あるいは評価基準を最大化あるいは最小化する問題として定式化されたものは，「最適化問題」と呼ばれ，その数学的な理論は「最適化理論」と呼ばれる．また，最適化理論をより実際的な応用問題として，解法を中心に扱った分野は，「数理計画法」と呼ばれ

る．さらにそのなかで，制御対象とするシステムが時間的（＝動的）に変化するケースは「動的計画法」と呼ばれる．これらは，数理工学やオペレーションズ・リサーチなどの一領域として長い歴史を持っている．

こうして見てみると，最適制御は考え方としては最適化理論や動的計画法の特殊なケースであるといえる．しかし，歴史的には，これらとは若干異なった発達の経緯を持っている．もともと工業上，機械的，物理的システム（具体的には生産設備）の状態変化を扱う「制御理論」が独自に発達した．そこでは，状態を最適に導くための制御を「フィードバック」や「フィードフォワード」という形で行う考え方や手法が重要視された．これらを組み込んだ制御は「自動制御（automatic control）」とも呼ばれる．この制御理論が20世紀半ばに，飛翔体（ロケットや飛行機，あるいはミサイルなど）の軌道制御や姿勢制御などに適用されるなかで最適化理論と融合し，最適という言葉が付いたのである．

以上のような最適制御の背景とは別に，確率を扱う数学も独自に発展してきている．もともとギャンブルを扱うために生まれた確率論は，20世紀半ばに微積分と融合し，確率微分・確率積分といった数学になっている．これが，最適制御に取り入れられて，確率制御となったのである．こうした発展の経緯から，確率制御は最適化理論の特殊なケースではあるが，歴史的には最も新しく，理論として最も高度なものであるといってよい．

本書では，このような確率制御の高度な理論をなるべく平易に解説したい．しかし，理論の解説だけに留まらず，その利用についても紙面の許す限り解説したいと考えている．利用としては，特に，経済的あるいは経営的な脈絡での利用を扱う．

確率制御の理論は，伝統的な工学的利用としては，上記のいくつかの例（車の運転，生産設備の制御，飛翔体の軌道制御など）で挙げたような機械的，物理的なシステムであった．しかし近年では，この理論は経済的な問題や経営的な問題でも多用されるようになっている．その最たる例が，「金融工学」あるいは「フィナンシャル・エンジニアリング」であろう．

株式や債券の価格の動きを定式化し，資産価値の算定やポートフォリオの運用を数学的に考える分野は，1970年代から80年代にかけて急速に発展し，金融工学あるいはフィナンシャル・エンジニアリングと呼ばれるようになった．その数学的取扱いに，確率制御の理論は不可欠なものとなっている．さらに金

融での利用に端を発し，金融に限らない財一般や経済活動について，その価値を算定し，分析することに，確率制御理論は利用されるようにもなった．そうした流れは先進的な経済理論や経営戦略理論を構成するようになり，1990年代頃からは「リアルオプション」という考え方も確立されている．これは見方によっては，金融工学あるいはフィナンシャル・エンジニアリングの実物資産への応用であるとも考えられる．

このように，もともと物理的なイメージしか念頭になかった確率制御理論は，いまや金融を中心に，先進的な経済・経営理論にとって不可欠なものとなっている．それに伴い，この知識に対するニーズは，従来的な製造業のみならず，あるいはそれ以上に，金融サービス業や経営コンサルティング業などで急速に高まっているといえる．本書はまさにそうしたニーズを強く意識して，理論の利用を解説するものである．

本書の想定読者

本書の想定する読者としては，2つのタイプが挙げられる．1つは，純粋に確率制御の理論に関心のある数理工学やオペレーションズ・リサーチの学習者である．もう1つは，金融を中心に先進的な経済理論や経営戦略理論に関心があり，その背景にある数学理論についてもより深く知りたいと願う学習者である．

いずれのタイプの読者についても，初歩的な数理計画法，たとえば線形計画法などを学習済みであることを前提とするが，それ以上の高度な理論については前提知識とはしない．

確率制御は本来，最適制御に確率を導入したものということができるが，それゆえ，最適制御を学習済みでないとなかなか理解が難しいといえる．本書ではこうした難点を克服するために，はじめに取り扱う問題の範囲と定式化を明確にし，その上で「確率微分方程式」を導入する．これ自体，数学的には大変高度なものであるが，本書では，制御理論で利用するのに必要な知識に絞る．確率微分方程式を導入することにより，最適制御はよりエレガントになり，一般的な最適化理論や数理計画法よりもはるかにわかりやすいものとなるのである．本書では，是非読者にこのエレガントさを体感して頂きたいと願っている．

本書は，教科書のレベルとしては，理工系大学高学年（3，4年生）から大学院修士課程を想定している．修士課程のなかには，金融関係の専門職大学院も

含む．読者層として想定する上記の 2 つのタイプ（数理工学として関心を持つ読者，金融をはじめ経済的応用に関心を持つ読者），いずれにとっても，それぞれの大学・大学院講義でのテキスト・副読本あるいは独習用図書として，本書は適切な難易度であると考える．

本書の構成

本書の構成は以下の通りである．

第 1 章にて，確率制御とは何かという問いから議論を始めたい．最適制御との関連，その形式上の特徴についてまとめる．次に第 2 章にて確率制御の理論に必要な確率過程と確率微分方程式について概観する．ここまでの 2 つの章がいわば準備である．

第 3 章ではじめて本題に入ることになる．この章では確率制御の基本的な考え方を解説する．考え方の中心は，ハミルトン・ジャコビ・ベルマン (Hamilton–Jacobi–Bellman: HJB) 方程式である．その導出と意味合いについて詳しく述べる．

第 4 章は，第 3 章を基礎にして，より高度な制御の考え方を導入する．制御変数や制約条件の特殊な形式から，制御の仕方にいくつかのバリエーションが発生してくる．具体的には，最適な意思決定時点を選ぶ「最適停止」，特定の要件を満たした場合にのみ制御を開始／終了する「特異制御」，同じく特定の要件を満たした場合にのみ制御を一瞬だけ実施する「インパルス制御」である．これらについて体系的かつ詳細に述べることにしたい．

第 5 章では，第 3・4 章の理論を具体的な問題設定で再考し，その意味合いについて理解を深めたい．解の導出に当たって必要となる数学的手法については，付録という形で本書末にまとめておくので，適宜参照されたい．

2016 年 8 月

著　者

目　　次

1. 確率制御とは何か ································· 1
   1.1 状態変数と制御変数 ··························· 1
   1.2 状態方程式 ·································· 4
   1.3 確定的と確率的 ······························ 6
   本章のまとめ ···································· 8
   章末問題 ······································· 8

2. 確率制御のための数学 ······························ 10
   2.1 確 率 過 程 ································· 10
   2.2 ブラウン運動 ································· 14
      2.2.1 ブラウン運動の導出 ······················· 14
      2.2.2 ブラウン運動の性質 ······················· 18
   2.3 確率微分方程式 ······························· 21
      2.3.1 確率微分方程式の導出 ····················· 21
      2.3.2 確 率 積 分 ···························· 23
      2.3.3 伊藤の公式 ····························· 26
   本章のまとめ ···································· 28
   章末問題 ······································· 28

3. 確率制御の基礎 ···································· 30
   3.1 最適性の原理 ································· 30
   3.2 HJB方程式 ··································· 33
      3.2.1 HJB方程式の導出－有限時間設定 ············· 34

3.2.2　HJB方程式の導出 – 無限時間設定 ･････････････････････ 38
　3.3　解の十分性 ･･ 40
　　　3.3.1　ディンキンの公式 ････････････････････････････････････ 40
　　　3.3.2　十分性の確認 ･･ 41
　3.4　求 解 方 法 ･･ 44
　　　3.4.1　マートン問題 ･･ 44
　　　3.4.2　最適ポートフォリオ ･･････････････････････････････････ 46
　本章のまとめ ･･ 47
　章末問題 ･･ 48

4. より高度な確率制御 ･･ 49

　4.1　最 適 停 止 ･･ 49
　　　4.1.1　停 止 時 刻 ･･ 49
　　　4.1.2　続 行 領 域 ･･ 52
　4.2　特 異 制 御 ･･ 56
　　　4.2.1　バンバン制御 ･･ 56
　　　4.2.2　特異制御と変分不等式 ････････････････････････････････ 58
　　　4.2.3　特異制御問題のより厳密な取り扱い ････････････････････ 63
　4.3　インパルス制御 ･･ 66
　　　4.3.1　固定費用とインパルス ････････････････････････････････ 66
　　　4.3.2　準変分不等式 ･･ 68
　4.4　確率制御問題の類型 ･･ 72
　本章のまとめ ･･ 75
　章末問題 ･･ 75

5. 確率制御の応用 ･･ 76

　5.1　絶対連続制御によるフロー管理 ･･････････････････････････････ 76
　　　5.1.1　枯渇性資源の最適消費 ････････････････････････････････ 76
　　　5.1.2　環境負荷物質の排出管理 ･･････････････････････････････ 80
　5.2　不可逆的な意思決定 ･･ 83

	5.2.1 オプション価値評価 ································ 83
	5.2.2 不可逆的な投資 ····································· 87
5.3	特異制御によるストック管理 ································ 93
	5.3.1 ストックに対する閾値設定 ··························· 93
	5.3.2 再生可能資源のストック管理 ························· 96
5.4	ストックへのインパルス ···································· 100
	5.4.1 企業の配当政策 ···································· 101
	5.4.2 固定費用を伴う再生可能資源採取 ······················ 104
本章のまとめ ·· 106
章末問題 ·· 107

A. 付　録 ··· 108

- A.1 割引効用の考え方 ·· 108
- A.2 リスク中立と測度変換 ···································· 113
- A.3 定数係数2階線形微分方程式 ······························ 118
- A.4 オイラーの微分方程式 ···································· 122
- A.5 変数係数2階線形微分方程式 ······························ 124
- A.6 合流型超幾何微分方程式 ·································· 130
- A.7 期待割引現在価値の積分計算 ······························ 134

おわりに ·· 136

参考文献 ·· 138

索　引 ·· 143

1

確率制御とは何か

本章では,確率制御とは何かについて簡潔にまとめる.最適制御との関連,その形式上の特徴について解説し,これを通して次章以降で扱う問題の基本形を明示する.

1.1 状態変数と制御変数

確率制御(stochastic control)は,確率的に変動する要素が存在するもとでの最適制御である.最適制御(optimal control)とは,機械的システムや物理的なシステムを制御して,最適な状態に導くことを指す.そうした点で,最適制御は最適化理論の一種であるが,制御という言葉を使う場合,多くは動的なシステムを時間的に操作するような状況を指す.数理計画法の一種である動的計画法に近いものといってもよいが,歴史的には工学的なシステムへの応用として,動的計画法とは独立して発達してきたものであった.

制御問題の対象とする動的なシステムは,基本的に 2 種類の変数によって表現される.それは**状態変数**と**制御変数**である.状態変数は,それ自身時間とともに変化することが想定される.その変化は,数学的には微分方程式ないしは差分方程式で表現される.

具体的な例で考えてみよう.水の入ったタンクがあるとする.ある人は,このタンクの中の水を飲んで生活するものとする.タンクの水の量を S とする.これに時間を表す t を付けて,時刻 t における水の量を S_t と表すことにする.これが状態変数である.

この人がタンクから飲む(これを消費と呼ぶことにする)水の量を C として,

同じく時刻 t における消費として，C_t と書くことにする．これが制御変数である．状態変数は英語では state variable，制御変数は control variable という．上記の S と C はそれらの頭文字を取ったものである．同時に，ここでは水のストック量（stock）とその消費（consumption）の頭文字でもある．

さて，タンクに水の補充がなければ，S は C によって次のように変化する．

$$\frac{dS_t}{dt} = -C_t, \quad S_0 = s_0 \tag{1.1.1}$$

ここに，s_0 は初期値を表す．これは，積分の形で書いても数学的には全く同じであり，次のように書いてもよい．

$$S_t = s_0 - \int_0^t C_u du \tag{1.1.2}$$

なお，(1.1.1) および (1.1.2) は，時間 t を連続的なものとして考えた場合である．これを連続時間系と呼ぶ．これに対して時間を飛び飛びの値，すなわち離散的な値として考えた場合は，離散時間系と呼ぶ．その場合，(1.1.1) は次のような差分方程式に置き換えられる．

$$S_{t+1} - S_t = -C_t, \quad S_0 = s_0$$

これに対応して，(1.1.2) は，次のようになる．

$$S_t = s_0 - \sum_{i=0}^{t-1} C_i$$

時間を連続系で考えるのがよいのか離散系で考えるのがよいのかは，対象と目的次第であるが，理論的な取扱いとしては，概して連続系で考えたほうがわかりやすいことが多い．本書では以下，基本的に連続時間系で議論を進めることにしたい．

さて，タンクの水に話を戻して，この人の望ましい水の飲み方（最適消費）を考えてみよう．上記のように水を消費すれば，その分タンクの水は減ることになる．計画の期間を現在 $t=0$ から終端 $t=T$（$t \in [0,T]$）の有限期間として，その間時々刻々の C_t により，この人は $U(C_t)$ の満足度を得ているとしよう．全計画期間にわたって，この人が得ることができる全満足度は，これらの総和であると考えることができる．ただし，現時点（$t=0$）から見た将来（$t>0$）

の満足度は，現在価値に換算して比較する必要がある．そこで，総和をとる際は，単純に足し算するのではなく，現在価値に割り引いてから足し算をすることになる．そのような現在価値としての総和は次のように書ける[*1]．

$$\int_0^T e^{-rt} U(C_t) dt$$

ここで，r は割引率あるいは時間選好率と呼ばれる係数である．

最終時点 T において，タンクの水は，S_T となっている．この残った水は，その後のなんらかの用途のためにとっておくとすれば，それはそれなりにメリットがあることになる．このメリットを $g(S_T)$ と書くことにする．

以上より，全計画期間にわたってタンクの水から得られる満足度なりメリットなりの総和を便益と呼ぶことにすれば，それは次のように表現されることになる．

$$\int_0^T e^{-rt} U(C_t) dt + e^{-rT} g(S_T)$$

そこで，この人の計画期間 $[0, T]$ における最適な消費パターンは，次の最適化問題として定式化されることになる．

$$\max_{\{C_t\}_{t=0}^T} \int_0^T e^{-rt} U(C_t) dt + e^{-rT} g(S_T) \qquad (1.1.3)$$

$$\text{subject to } (1.1.1) \text{ または } (1.1.2)$$
$$\text{かつ } S_T \geq 0$$

この問題は，C_t を全計画期間にわたって制御（コントロール）することによって，目的関数たる便益を最大化するというものである．C_t が制御変数と呼ばれるゆえんである．また，その制御によって，状態変数 S_t が変化していくこととなる．その変化の様子が，最適化に際しての制約条件となっている[*2]．

[*1] こうした現在価値換算の考え方は，経済学などで一般的なものである．詳しくは付録 A.1 を参照されたい．

[*2] 一般に最適化問題は，制御変数を $\boldsymbol{x}$，目的関数を $f(\boldsymbol{x})$，制約条件式を $\boldsymbol{g}(\boldsymbol{x})$ として，次の形式として表される．

$$\max_{\boldsymbol{x}} f(\boldsymbol{x}) \qquad \text{subject to} \quad \boldsymbol{g}(\boldsymbol{x}) \leq \boldsymbol{0}$$

この他に，$f(\boldsymbol{x}) \to \max$ といった書き方も使われるが，本書では，主として上記の表記法を使用することにする．

1.2 状 態 方 程 式

(1.1.1) は状態方程式 (state equation) と呼ばれる．これは文字通り，状態変数 S_t の変化を記述する方程式である．これについてもう少し詳しく見てみよう．

前節の水消費の例では，タンクの水は減る一方で，増えることはないものであった．次に考える例は，増えることもあり得るものである．

タンクの代わりに，池を考えよう．この池には池底から湧水がある．その湧水は，この池自身の重みで，地下水脈から押し出されてくる．池の水が増加すると圧力も強くなり，湧水も増える．一方，池の水面が上がってくると周辺からの漏水や蒸発が増えることになり，水量は自然減となる．池の水量が S のときに，湧水や漏水によって増減する水量 $\Phi(S)$ は次のように表されるものとする（プラスの場合は増加を，マイナスの場合は減少を表す）．

$$\Phi(S) \equiv \alpha S \left(1 - \frac{S}{\kappa}\right) \tag{1.2.1}$$

ここで，α および κ はいずれもなんらかの定数である．この関数は，容易にわかるように2次関数であり，図1.1のようなイメージとなっている．

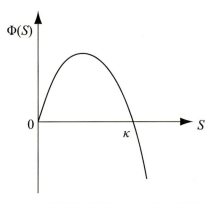

図 1.1 水量増減 $\Phi(S)$ と池の水量 S の関係

以上のような設定により，(1.1.1) は次のように書き換えられることとなる．

$$\frac{\mathrm{d}S_t}{\mathrm{d}t} = \Phi(S_t) - C_t, \quad S_0 = s_0 \tag{1.2.2}$$

(1.1.1) と (1.2.2) の大きな違いは，後者の右辺に状態変数が入っていることである．つまり，状態変数の変化（左辺）は，状態変数そのものにも影響されるということを指している．

このような池の水を消費して，ある期間（$[0,T]$）生活する人の最適計画問題は，(1.2.2) の条件のもとで，(1.1.3) を最大化する問題として，次のように表されることになる．

$$\max_{\{C_t\}_{t=0}^T} \int_0^T \mathrm{e}^{-rt} U(C_t) \mathrm{d}t + \mathrm{e}^{-rT} g(S_T)$$

$$\text{subject to} \quad \frac{\mathrm{d}S_t}{\mathrm{d}t} = \Phi(S_t) - C_t, \quad S_0 = s_0$$

$$\text{かつ } S_T \geq 0$$

さらに，(1.2.1) の関係が時間とともに変化することも考えられる．池を取り巻く地質の環境は次第に変化し，湧水や漏水と，水量の関係も変わり得るのである．そうした場合，(1.2.1) は，時間の関数として，次のように書き直される．

$$\Phi_t(S) \equiv \alpha_t S \left(1 - \frac{S}{\kappa_t}\right) \tag{1.2.3}$$

これは (1.2.1) と比べてみると，定数となっていた α および κ が時間的に変化する値となっていることがわかる．

一般に，状態方程式は，状態変数の変化を決定するすべての要因が右辺に現れるが，そのなかには状態変数自身も含まれることになる．一般形として，次のように記述される．

$$\frac{\mathrm{d}X_t}{\mathrm{d}t} = \mu(t, X_t, u_t), \quad X_0 = x \tag{1.2.4}$$

ここで，X は状態変数，u は制御変数である．また，関数 μ のなかの t は (1.2.3) で見たような経年的な変化を表現している．

(1.2.4) の状態方程式の一般形を用いると，最適制御問題（optimal control problem）は次のような形式として記述されることがわかる．

$$\max_{\{u_t\}_{t=0}^T} \int_0^T \mathrm{e}^{-rt} f(t, X_t, u_t) \mathrm{d}t + \mathrm{e}^{-rT} g(X_T) \tag{1.2.5}$$

$$\text{subject to} \quad \frac{dX_t}{dt} = \mu(t, X_t, u_t), \quad X_0 = x \tag{1.2.4}$$

ここで (1.2.5) は，(1.1.3) で用いた U に当たるもの（便益または効用と呼ばれるもの）をより一般的な関数として，書き換えたものである．U の場合と異なって，f は制御変数 u のみならず状態変数 X，さらには時間 t にも依存する形になっている．

1.3 確定的と確率的

前節の池の水量とその消費の問題を再考してみよう．ここで考えた池の水量は (1.2.2) と (1.2.1) に従って変化する．(1.2.1) は現在の水量によって湧水や漏水が決まることを表し，その関係は関数 $\Phi(S)$ として表される．この関係には不確定な要素がなく，S が特定されれば間違いなく $\Phi(S)$ が予測されるものである．こうした関係は，「確定的」と呼ばれる．

しかし，現実的には，必ずしもこの通りになるとは限らないこともしばしばであろう．たとえば，雨天が続いた場合は，地下水脈が豊富になり，池の水は普段より増加しやすい状態になるかもしれない．晴天が続いた場合はその逆で，普段より湧水が少なくなるかもしれない．また，気温や湿度によって，池の表面や周辺からの蒸発の状態が変わり，水量が予想外に減少するかもしれない．

このように考えてみると，水量（S）とその増減（Φ）の関係は，(1.2.1) のように確定的で単純なものではなく，実はもっと複雑で予測が付かないものかもしれない．こうした場合，我々は，予測の付かない部分を Φ に付け足して，次のように (1.2.1) を書き直すことができる．

$$\hat{\Phi}(S) \equiv \Phi(S) + \tilde{\varepsilon} \equiv \alpha S \left(1 - \frac{S}{\kappa}\right) + \tilde{\varepsilon} \tag{1.3.1}$$

ここで，$\tilde{\varepsilon}$ はなんらかの確率変数を表すものであり，これを確率項と呼ぶ．このような確率項の追加により，$\hat{\Phi}(S)$ は，水量（S）とその増減の「確率的」な関係を表すこととなる．

一般に，状態方程式は (1.2.4) のように表現されることは先に述べたが，これは確定的な関係であった．これを確率的な関係を表すように直すには，(1.3.1) で行ったように確率項を追加すればよい．すなわち，(1.2.4) に代えて，

$$\frac{\mathrm{d}X_t}{\mathrm{d}t} = \mu(t, X_t, u_t) + \tilde{\varepsilon}, \quad X_0 = x \tag{1.3.2}$$

とする．このような確率的な状態方程式のもとでの最適制御問題は，「確率制御問題（stochastic control problem）」と呼ばれる．これは (1.2.4) のもとで (1.2.5) を最大化する問題に代えて，(1.3.2) のもとで (1.2.5) を最大化する問題となる．ここで注意すべきは，(1.3.2) に従えば，時刻 t における状態変数 X_t も確率変数となるということである．したがって，(1.2.5) のなかの $f(t, X_t, u_t)$ や $g(X_T)$ も確率変数となる．そこで，最大化するべき目的関数は，(1.2.5) に代えて，その期待値をとったものを考えることにする．すなわち，確率的な状態方程式のもとでの最適制御問題は，次のように書かれよう．

$$\max_{\{u_t\}_{t=0}^T} \mathbb{E}\left[\int_0^T \mathrm{e}^{-rt} f(t, X_t, u_t) \mathrm{d}t + \mathrm{e}^{-rT} g(X_T)\right] \tag{1.3.3}$$

$$\text{subject to } \frac{\mathrm{d}X_t}{\mathrm{d}t} = \mu(t, X_t, u_t) + \tilde{\varepsilon}, \quad X_0 = x \tag{1.3.2}$$

ここでさらに注意であるが，実は，(1.3.2) は数学的にはやや不正確な記述に留まっている．より正確には，(1.2.4) を一旦，

$$\mathrm{d}X_t = \mu(t, X_t, u_t)\mathrm{d}t, \quad X_0 = x$$

と書き直した上で，次のような確率項を付け足す．

$$\sigma(t, X_t, u_t)\mathrm{d}W_t$$

すなわち，正確には，(1.3.2) に代えて次のように記述する．

$$\mathrm{d}X_t = \mu(t, X_t, u_t)\mathrm{d}t + \sigma(t, X_t, u_t)\mathrm{d}W_t, \quad X_0 = x \tag{1.3.4}$$

ここで，$\mathrm{d}W_t$ は一般的な（規格化された）確率変数を表し，σ はその変動の大きさを表す．これらは，標準正規分布と標準偏差の関係に類似している．より正確には，$\mu(t, X_t, u_t)$ はドリフト係数（drift coefficient），$\sigma(t, X_t, u_t)$ は拡散（ディフュージョン）係数（diffusion coefficient）と呼ばれ，(1.3.4) 自体は，確率微分方程式と呼ばれるものである．$\mathrm{d}W_t$ は，次のように定義される．

$$\mathrm{d}W_t \equiv W_{t+\mathrm{d}t} - W_t$$

W_t は，ブラウン運動あるいはウィーナー過程と呼ばれる確率変数となっている．

このような確率微分方程式の意味合い，その背景となる理論については，次章で詳しく述べることにしたい．

こうして，確率制御問題は，常に次の形式で記述されることになる．

確率制御問題

$$\max_{\{u_t\}_{t=0}^T} \mathbb{E}\left[\int_0^T \mathrm{e}^{-rt}f(t,X_t,u_t)\mathrm{d}t + \mathrm{e}^{-rT}g(X_T)\right] \quad (1.3.3)$$

$$\text{subject to}\quad \mathrm{d}X_t = \mu(t,X_t,u_t)\mathrm{d}t + \sigma(t,X_t,u_t)\mathrm{d}W_t, \quad X_0 = x \quad (1.3.4)$$

(1.3.4) については次章で，(1.3.3) と (1.3.4) から成る確率制御問題とそのバリエーションについては第 3 章以降で，それぞれ詳しく述べることとしたい．

本章のまとめ

- 連続時間のもとでの動的な最適化問題は，状態変数，制御変数，目的関数から成る最適制御問題であり，さらに，状態変数に確率的な変動が含まれる場合は，確率制御問題となる．
- 確率制御問題の場合の制約条件の記述には，確率微分方程式が用いられる．それは，状態変数と制御変数，さらにはブラウン運動によって決定される状態変数の動的な変化を表したものである．
- 確率制御問題での目的関数は，確率微分方程式に従って変化する状態変数などの確率的な関数となっている．そこで，期待値をとったものを実際の目的関数とする．

章 末 問 題

(1) 状態変数と制御変数によって記述される確定的なシステムの例を挙げ，状態方程式として定式化しなさい．
(2) 上記のシステムを制御する際の目的関数を考案しなさい．

(3) 上記の最適化問題で，確率的な要因があるとしたら，どのように定式化が変わるか考察しなさい．

2

確率制御のための数学

本章では，次章以降の内容を理解するために必要な確率解析の基礎について解説する．具体的には，まず確率過程としてランダム・ウォークを導入した後に，その極限としてブラウン運動を導入する．次に，状態変数の動的な挙動を表現する確率微分方程式を導入し，最後に，確率解析の基本的な演算として伊藤の公式を導く．

2.1 確率過程

まずは，事象の起こりやすさを表す指標である確率を定義しよう．コインを投げる，あるいはサイコロを投げる行いを試行 (trial) という．試行によって起こり得る各結果を根元事象 (fundamental event) と呼び，ω で表す．たとえば，コイン投げでは，$\omega_1 =$ 表，$\omega_2 =$ 裏，サイコロ投げでは，$\omega_1 = 1, \omega_2 = 2, \ldots, \omega_6 = 6$ のように表すことができる．また，すべての根元事象の集まりを標本空間 (sample space) と呼び Ω で表す．たとえば，コイン投げの標本空間は，$\Omega = \{\omega_1, \omega_2\}$ であり，サイコロ投げの標本空間は，$\Omega = \{\omega_1, \omega_2, \ldots, \omega_6\}$ となる．標本空間 Ω の部分集合の集合（σ-集合体）を $\mathcal{F}$ として，$\mathcal{F}$ の上で確率 $\mathbb{P}$ を次のように定義する．

定義 2.1　確率
任意の実数の集合 Ξ に対して，$\mathbb{P}(X \in \Xi) = \mathbb{P}(\omega; X(\omega) \in \Xi)$ を X が Ξ をとる確率と呼び，次の性質を満たす．
  (i) 空事象 $\emptyset \in \mathcal{F}$ に対して $\mathbb{P}(\emptyset) = 0$

(ii) 事象 $A, B \in \mathcal{F}$ が排反, $A \cap B = \emptyset$, ならば, $\mathbb{P}(A \cup B) = \mathbb{P}(A) + \mathbb{P}(B)$

(iii) $\Omega \in \mathcal{F}$ に対して $\mathbb{P}(\Omega) = 1$

このように確率が定義されるとき，標本空間 Ω と σ-集合体 $\mathcal{F}$ と確率 $\mathbb{P}$ からなる組 $(\Omega, \mathcal{F}, \mathbb{P})$ を確率空間（probability space）という．確率変数についての議論は，この空間の上でなされる．

次に，その確率変数，確率変数の集まりである確率過程について，コイン投げを例に見ていこう．

コイン投げの各回の試行の結果は，それまでの試行の結果とはなんら関係なく，互いに独立に生起しており，各根元事象の生起する確率は一定である．このような試行をベルヌーイ試行（Bernoulli trials）という．コインに歪みがなければ，それぞれ $\mathbb{P}(\omega_1) = 1/2$ と $\mathbb{P}(\omega_2) = 1/2$ となっている．

さて，コインを使ったゲームを考えてみよう．コインを投げて表が出ると 1 点，裏が出ると -1 点となるとしよう．このゲームの得点を X とすると，

$$X = \begin{cases} 1, & 確率\ p, \\ -1, & 確率\ 1-p \end{cases} \tag{2.1.1}$$

となる．一般化して表すために $1/2$ ではない確率を想定している．X のように，実現値が確率的に決まる変数を確率変数（random variable）と呼ぶ．確率変数 X は標本空間 Ω から実数の集合 Ξ 上の実現値への関数であり，そのことを明示すると，

$$X(\omega) = \begin{cases} 1, & \omega = \omega_1, \\ -1, & \omega = \omega_2 \end{cases} \tag{2.1.2}$$

と表せ，$\Xi = \{1, -1\}$ である．

コイン投げゲームを n 回繰り返したときの総得点を W_n とすると，W_n は，

$$W_n = X_1 + X_2 + \cdots + X_n \tag{2.1.3}$$

と計算される．このようにして計算される W をランダム・ウォーク（random walk）と呼ぶ．特に，$p = 1/2$ のときは，対称ランダム・ウォーク（symmetric random walk）と呼ぶ．ランダム・ウォーク W の値は，定義からわかるよう

に，回数に応じて変化する．このように，回数や時間の経過とともに変化する確率変数の集まり $\{W_n, n \geq 0\}$ を確率過程（stochastic process）と呼ぶ．例として，$n = 10$ のときの対称ランダム・ウォークの見本過程の 1 つは図 2.1 となる．

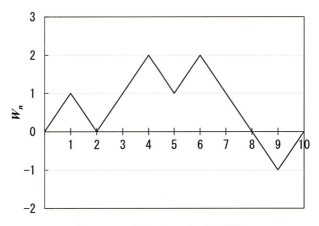

図 2.1 ランダム・ウォークの見本過程

先に説明したように，確率変数が標本空間 Ω から確率変数の実現値への関数であり，確率過程が確率変数の回数や時間の経過とともに変化する集まりであることから，標本空間の部分集合 $\mathcal{F}$ も回数や時間の経過とともに変化する．図 2.1 のランダム・ウォークの見本過程で $n = 3$ までを例に，$\mathcal{F}$ を見ていこう．$n = 3$ までの起こり得る経路を 2 項木で表すと図 2.2 となる．太線の経路が図 2.1 で実現された経路である．

H を表，T を裏とすると，

$$\omega_1 : HHH, \quad \omega_2 : HHT, \quad \omega_3 : HTH, \quad \omega_4 : HTT$$
$$\omega_5 : THH, \quad \omega_6 : THT, \quad \omega_7 : TTH, \quad \omega_8 : TTT$$

の 8 通りの経路が起こり得，標本空間は $\Omega = \{\omega_1, \omega_2, \ldots, \omega_8\}$ となる．コイン投げをする前の時点 ($n = 0$) では，コイン投げの結果に関する情報は何もないため，いずれの経路も実現の可能性があり，$\mathcal{F}_0 = \{\Omega, \emptyset\}$ である．

次に，コインを 1 回投げた直後を考えてみよう．この時点では 1 回目の

2.1 確率過程

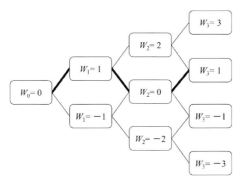

図 2.2 2 項木 ($n = 3$)

コイン投げの結果についての情報は得られており，もし表が出れば，経路は $A_H = \{\omega_1, \omega_2, \omega_3, \omega_4\}$ のいずれかになり，裏が出れば $A_T = \{\omega_5, \omega_6, \omega_7, \omega_8\}$ になる．したがって，$\mathcal{F}_1 = \{A_H, A_T, \Omega, \emptyset\}$ となる．$\mathcal{F}_0$ と $\mathcal{F}_1$ を比べると，$\mathcal{F}_0 \subset \mathcal{F}_1$ であることがわかる．

次に，コインを 2 回投げた直後を考えてみよう．この時点では，1 回目と 2 回目のコイン投げの結果についての情報は得られており，もし，1 回目と 2 回目ともに表が出れば，経路は $A_{HH} = \{\omega_1, \omega_2\}$ のいずれかになり，1 回目は表で 2 回目は裏が出れば，経路は $A_{HT} = \{\omega_3, \omega_4\}$ のいずれかになる．1 回目は裏で 2 回目は表（A_{TH}），1 回目と 2 回目ともに裏（A_{TT}）の場合も同様にわかり，$\mathcal{F}_2 = \{A_{HH}, A_{HT}, A_{TH}, A_{TT}, A2, A3, \Omega, \emptyset\}$ となる．ただし，$A2$ は $\{A_{HH}, A_{HT}, A_{TH}, A_{TT}\}$ のなかから 2 つの事象の組合せであり，$A3$ は 3 つの事象の組合せである．$\mathcal{F}_1$ と $\mathcal{F}_2$ を比べると，$\mathcal{F}_1 \subset \mathcal{F}_2$ であることが容易にわかる．コインを 3 回投げた直後についても同様に考えると，$\mathcal{F}_2 \subset \mathcal{F}_3$ であることがわかる．以上の結果から，$\mathcal{F}$ は $\mathcal{F}_0 \subset \mathcal{F}_1 \subset \mathcal{F}_2 \subset \mathcal{F}_3$ となっていることがわかる．これを一般化すれば，$\mathcal{F}_n \subset \mathcal{F}_{n+1}$ となり，$\mathcal{F}_{n+1}$ は $\mathcal{F}_n$ と比べてより細かい（fine）事象によって構成される．このような $\mathcal{F} = \{\mathcal{F}_n, n \geq 0\}$ を情報構造（information structure）あるいはフィルトレーション（filtration）と呼ぶ．

このように，$\mathcal{F}_n$ によって，n 回目までのサイコロ投げの結果を知ることができる．すなわち，$\mathcal{F}_n$ によって，n までのランダム・ウォークの経路がわかる．このとき，ランダム・ウォーク W_n は $\mathcal{F}_n$-可測（measurable）であるといい，

ランダム・ウォーク過程 $\{W_n, n \geq 0\}$ は，$\{\mathcal{F}_n, n \geq 0\}$ に適合 (adapted) しているという ($\{\mathcal{F}_n, n \geq 0\}$-適合).

2.2 ブラウン運動

前節では，コイン投げゲームを考えることで，ランダム・ウォークを導き出した．本節では，コイン投げゲームの回数の間隔を限りなく小さくして連続的な経過を考えることで，ランダム・ウォークからブラウン運動を導く．

2.2.1 ブラウン運動の導出

まずは，ブラウン運動を導出する過程で重要な役割を果たす**中心極限定理** (central limit theorem) を，紹介しておこう．

定理 2.1 中心極限定理[*1]
$X_1, X_2, \ldots$ は，互いに独立で同一の分布に従う確率変数列で，$\mu = \mathbb{E}[X_i]$, $\sigma^2 = Var[X_i]$ $(i = 1, 2, \ldots)$ であるとする．このとき，

$$Z_n \equiv \frac{1}{\sqrt{n}} \sum_{i=1}^{n}(X_i - \mu) \quad (2.2.1)$$

とおけば，Z_n の分布は，$N(0, \sigma^2)$ の正規分布に従う確率変数 Z に法則収束する．

思考実験として，時刻 0 から t の間に n 回コインを投げることができるとしよう．このとき，コインを 1 回投げるのに必要な時間を Δt とすると，$t = n\Delta t$ となる．また，ゲームが始まる前の得点は 0 点とし ($W_0 = 0$)，表が出る確率が $p = 1/2$ となる対称ランダム・ウォークを考えよう．時刻 t におけるコイン投げゲームの得点 W_t は，

$$W_t = X_1 + X_2 + \cdots + X_n \quad (2.2.2)$$

となる．ただし，任意の $i = 1, 2, \ldots, n$ に対して，

[*1] 中心極限定理の詳細については，たとえば，舟木 (2004) 等を参照されたい．

である.

$$X_i = \begin{cases} 1, & 確率\frac{1}{2}, \\ -1, & 確率\frac{1}{2} \end{cases} \quad (2.2.3)$$

である.ここで,X_i の期待値と分散は,

$$\mathbb{E}[X_i] = 0, \qquad Var[X_i] = 1 \quad (2.2.4)$$

となる[*2].中心極限定理によれば,$Z_n = 1/\sqrt{n} \sum_{i=1}^{n} X_i$ は $N(0,1)$ の正規分布に従うこととなる.よって,$W_t \equiv \sqrt{n} Z_n$ は $N(0,n)$ の正規分布に従うこととなる.すなわち,W_t の期待値と分散は,

$$\mathbb{E}[W_t] = \sum_{i=1}^{n} \mathbb{E}[X_i] = 0 \quad (2.2.5)$$

$$Var[W_t] = \sum_{i=1}^{n} Var[X_i] = n \quad (2.2.6)$$

となる.

次に,コイン投げゲームで得られる得点が $\pm\sqrt{\Delta t}$ の場合を考えてみよう.すなわち,X_i が

$$X_i = \begin{cases} \sqrt{\Delta t}, & 確率\frac{1}{2}, \\ -\sqrt{\Delta t}, & 確率\frac{1}{2} \end{cases} \quad (2.2.7)$$

となる場合を考えてみよう.X_i の期待値と分散は,

$$\mathbb{E}[X_i] = 0, \qquad Var[X_i] = \Delta t \quad (2.2.8)$$

となる.このとき,W_t は $N(0,t)$ の正規分布に従うこととなる.すなわち,その期待値と分散は,

$$\mathbb{E}[W_t] = \sum_{i=1}^{n} \mathbb{E}[X_i] = 0 \quad (2.2.9)$$

$$Var[W_t] = \sum_{i=1}^{n} Var[X_i] = n\Delta t = t \quad (2.2.10)$$

である.

コイン投げゲームは,先に述べたようにベルヌーイ試行であることから,任

[*2] $Var[X_i] = \mathbb{E}[(X_i - \mathbb{E}[X_i])^2] = \mathbb{E}[X_i^2] - \mathbb{E}[X_i]^2 = 1$

意の時刻 t と $s<t$ に対して W_t の変化分 $W_t - W_s$ は,他の任意の時刻 t' と $s'<t'$ の変化分 $W_{t'} - W_{s'}$ とは独立である.この性質を独立増分 (independent increments) と呼ぶ.また,$W_t - W_s$ の分布は,$N(0, t-s)$ の正規分布に従い,時間間隔だけに依存している.この性質を定常増分 (stationary increments) と呼ぶ.このような性質を持つ W_t をブラウン運動 (Brownian motion) と呼ぶ.このようにして導出されたブラウン運動について,以下にまとめておこう.

定義 2.2 ブラウン運動

以下の性質を満たす確率過程 $\{W_t, t \geq 0\}$ をブラウン運動と呼ぶ.

(i) $W_0 = 0$.
(ii) 任意の $t > 0$ に対して,W_t は $N(0, t)$ の正規分布に従う.
(iii) 任意の t と $s < t$ に対して W_t の変化分 $W_t - W_s$ は,定常独立増分である.
(iv) W_t は t に関して連続である.

特に,$N(0,1)$ の正規分布に従う W_t を標準ブラウン運動 (standard Brownian motion),またはウィナー過程 (Winner process) と呼ぶ.

標準ブラウン運動 W_t の見本過程を描くと下の図 2.3 のようになる.

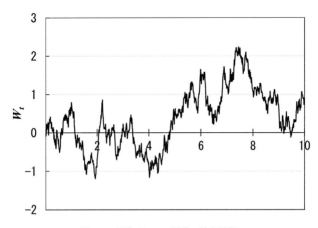

図 2.3 標準ブラウン運動の見本過程

2.2 ブラウン運動

以上のようにして導かれたブラウン運動に対して，時間間隔 Δt における変化について考えていこう．任意の時刻 t から時間間隔 Δt だけ時間が経過したときのブラウン運動 $W_{t+\Delta t}$ は，

$$W_{t+\Delta t} = W_t + X_i \tag{2.2.11}$$

となる．ここで，1 と -1 を返す関数を H とすると，(2.2.7) は次のように書き表せる．

$$X_i = \sqrt{\Delta t} H_i \tag{2.2.12}$$

ただし，任意の i に対して，

$$H_i = \begin{cases} 1, & \omega_i = \omega_1, \\ -1, & \omega_i = \omega_2 \end{cases} \tag{2.2.13}$$

である．さらにこの考えを推し進め，得られる得点が「$\sqrt{\Delta t} \times$ 標準正規分布」に従っているとしよう．標準正規分布 $N(0,1)$ に従う確率変数 ε_t を用い，(2.2.11) を書き直すと，

$$W_{t+\Delta t} = W_t + \varepsilon_t \sqrt{\Delta t} \tag{2.2.14}$$

となる．ただし，ε_t の共分散はゼロ（$\mathbb{E}[\varepsilon_s \varepsilon_t] = 0$）とする．なお，このような ε_t の確率過程 $\{\varepsilon_t, t \geq 0\}$ はガウス過程（Gaussian process）と呼ばれる．

時間間隔 Δt におけるブラウン運動の変化分を ΔW_t とすると，

$$\Delta W_t \equiv W_{t+\Delta t} - W_t = \varepsilon_t \sqrt{\Delta t} \tag{2.2.15}$$

となる．ΔW_t の期待値と分散は，ε の性質より，

$$\mathbb{E}[\Delta W_t] = 0, \quad Var[\Delta W_t] = \Delta t \tag{2.2.16}$$

となる．次に，時間間隔を限りなく小さくして $\Delta t \to 0$ としてみよう．このときの ΔW_t の極限値を $\mathrm{d}W_t$ と表すと，

$$\mathrm{d}W_t \equiv \lim_{\Delta t \to 0} \Delta W_t = \varepsilon_t \sqrt{\mathrm{d}t} \tag{2.2.17}$$

と定義される．(2.2.16) より，$\mathrm{d}W_t$ の期待値と分散は，

$$\mathbb{E}[\mathrm{d}W_t] = 0, \quad Var[\mathrm{d}W_t] = \mathbb{E}[\mathrm{d}W_t^2] = \mathrm{d}t \tag{2.2.18}$$

となる．また，後述する確率解析でよく使われる $\mathrm{d}W_t$ と微小な時間間隔 $\mathrm{d}t$ との計算をまとめておこう．

- $\mathbb{E}[\mathrm{d}W_t \mathrm{d}t] = \mathbb{E}[\mathrm{d}W_t]\mathrm{d}t = 0$
- $Var[\mathrm{d}W_t \mathrm{d}t] = \mathbb{E}[(\mathrm{d}W_t \mathrm{d}t)^2] = \mathrm{d}t^3 = 0$

  $\Delta t \to 0$ としたとき，$a > 1$ とすると $\mathrm{d}t^a$ は，$\mathrm{d}t$ より速く 0 に収束し，$\mathrm{d}t^a = 0$ となる．

- $Var[\mathrm{d}W_t^2] = \mathbb{E}[\mathrm{d}W_t^4] - \mathbb{E}[\mathrm{d}W_t^2]^2 = 3\mathrm{d}t^2 - \mathrm{d}t^2 = 0$

  ここで，$\mathbb{E}[\mathrm{d}W_t^4]$ の計算は，標準正規分布の積率母関数 $\varphi(\gamma) = \mathbb{E}[\mathrm{e}^{\gamma^2/2}]$ の 4 次モーメントが $\varphi^{(4)}(\gamma) = \mathbb{E}[\gamma^4 \mathrm{e}^{\gamma^2/2} + 6\gamma^2 \mathrm{e}^{\gamma^2/2} + 3\mathrm{e}^{\gamma^2/2}]$ となることから，$\mathbb{E}[\mathrm{d}W_t^4] = \mathbb{E}[(\varepsilon_t \sqrt{\mathrm{d}t})^4] = \mathbb{E}[\varepsilon_t^4]\mathrm{d}t^2 = \varphi^{(4)}(0)\mathrm{d}t^2 = 3\mathrm{d}t^2$ と求められる．

一般に確率変数 X が，平均 α，分散 σ^2 の正規分布に従うとき，その積率母関数（moment generating function）φ は，γ を係数とすると，次のように計算される．

$$\begin{aligned}
\varphi_X(\gamma) &= \mathbb{E}[\mathrm{e}^{\gamma X}] = \int_{-\infty}^{\infty} \exp[\gamma x] \frac{1}{\sqrt{2\pi}\sigma} \exp\left[-\frac{(x-\alpha)^2}{2\sigma^2}\right] \mathrm{d}x \\
&= \int_{-\infty}^{\infty} \frac{1}{\sqrt{2\pi}\sigma} \exp\left[-\frac{(x-\alpha-\sigma^2\gamma)^2}{2\sigma^2} + \left(\alpha\gamma + \frac{\sigma^2\gamma^2}{2}\right)\right] \mathrm{d}x \\
&= \exp\left[\alpha\gamma + \frac{\sigma^2\gamma^2}{2}\right] \int_{-\infty}^{\infty} \frac{1}{\sqrt{2\pi}\sigma} \exp\left[-\frac{(x-\alpha-\sigma^2\gamma)^2}{2\sigma^2}\right] \mathrm{d}x \\
&= \exp\left[\alpha\gamma + \frac{\sigma^2\gamma^2}{2}\right]
\end{aligned}$$

(2.2.19)

上記の最後の等号は，次の関係を利用している．

$$\frac{1}{\sqrt{2\pi}\sigma} \int_{-\infty}^{\infty} \exp\left[-\frac{(x-\alpha-\sigma^2\gamma)^2}{2\sigma^2}\right] \mathrm{d}x = 1$$

2.2.2 ブラウン運動の性質

以下，ブラウン運動の性質をまとめておこう．

(B.1) $\mathbb{E}[W_s W_t] = \min\{s, t\}$

$\min\{s, t\}$ は s と t でどちらか小さいほうという意味である．$s < t$ とし，(B.1) を確認しよう．

$$\begin{aligned}
\mathbb{E}[W_s W_t] &= \mathbb{E}[W_s W_t - W_s W_s + W_s W_s] \\
&= \mathbb{E}[W_s(W_t - W_s) + W_s^2] \\
&= \mathbb{E}[W_s]\mathbb{E}[(W_t - W_s)] + \mathbb{E}[W_s^2] \quad (2.2.20) \\
&= s \\
&= \min\{s, t\}
\end{aligned}$$

(B.2) ブラウン運動の見本過程は連続であるが，確率 1 で至る所で微分できない．

$0 \leq s \leq t$ に対して，ブラウン運動は定常独立増分であることから，

$$Var\left[\frac{W_t - W_s}{t - s}\right] = \frac{1}{t - s} \quad (2.2.21)$$

となる．ここで，$t \to s$ とすると，

$$\lim_{t \to s} Var\left[\frac{W_t - W_s}{t - s}\right] = \infty \quad (2.2.22)$$

となる．

(B.3) （マルコフ性）現在の状態から将来の状態へ推移する確率が，現在の状態にのみ依存し，過去の履歴とは独立であるという性質をマルコフ性（Markov property）と呼ぶ．ブラウン運動はマルコフ性を持つ．

任意の時刻 $s \geq 0$ でのブラウン運動の値が $W_s = x$ であるとしよう．時刻 $t(> s)$ でブラウン運動が y と $y + dy$ の間の値をとる確率 $\mathbb{P}(W_t \in [y, y+dy]; W_s = x)$ は，$W_t - W_s \sim N(0, t-s)$ となることから，ブラウン運動が x から $t - s$ 時間後に y にいく確率 $\mathbb{P}(y, t; x, s)dy$ に等しい．また，この確率は，

$$\mathbb{P}(y, t; x, s)dy = \frac{1}{\sqrt{2\pi(t-s)}} \exp\left[-\frac{(y-x)^2}{2(t-s)}\right] dy \sim N(x, t-s) \quad (2.2.23)$$

と与えられる．

(B.4) （マルチンゲール性）任意の時刻 $t(\geq s)$ に対して，W_t の条件付き期待値は，

$$\mathbb{E}[W_t | W_u, 0 \leq u \leq s] = W_s \quad (2.2.24)$$

となる．

現在の時刻を s とすると，過去にブラウン運動がどのような経路を辿ったかの情報 $\{W_u, 0 \leq u \leq s\}$ を用いて，将来の時刻 t のブラウン運動の値を予測する

と，その期待値は現在の値 W_s となる．このようなブラウン運動過程の性質をマルチンゲール性（martingale property）という．(2.2.24) を確認すると，次のようになる．

$$\begin{aligned}
\mathbb{E}[W_t|W_u, 0 \leq u \leq s] &= \mathbb{E}[W_t - W_s + W_s|W_u, 0 \leq u \leq s] \\
&= \mathbb{E}[W_t - W_s|W_u, 0 \leq u \leq s] + \mathbb{E}[W_s|W_u, 0 \leq u \leq s] \\
&= \mathbb{E}[W_t - W_s] + \mathbb{E}[W_s|W_u, 0 \leq u \leq s] \\
&= W_s
\end{aligned} \quad (2.2.25)$$

なお，確率過程の情報構造を表す $\{\mathcal{F}_t, t \geq 0\}$ を用いて条件付き期待値を表すと次のようになる．$\{\mathcal{F}_t, t \geq 0\}$ がブラウン運動の時刻 t までの情報を表されているとしよう．すなわち，$\mathcal{F}_t$ は W_t によって生成される σ 代数（$\mathcal{F}_t = \sigma(W_s, s \leq t)$）であるとしよう．このとき，条件付き期待値は，

$$\begin{aligned}
\mathbb{E}[W_t|W_u, 0 \leq u \leq s] &= \mathbb{E}[W_t|\mathcal{F}_s] \\
&= \mathbb{E}[W_t - W_s] + \mathbb{E}[W_s|\mathcal{F}_s] \\
&= W_s
\end{aligned} \quad (2.2.26)$$

となる．

(B.5) ブラウン運動は有界 2 次変動である．時間区間 $[0, t]$ を n 分割した $0 < t_1 < \cdots < t_n = t$ に対して，

$$[W]_t = \lim_{n \to \infty} \sum_{i=1}^{n} |dW_{t_i}|^2 = \lim_{n \to \infty} \sum_{i=1}^{n} |dt_i| = t \quad (2.2.27)$$

となる．

本節の最後に，(B.4) のマルチンゲールについてもう少し詳しく見ておこう．条件付き期待値 $\mathbb{E}[W_t|W_u, 0 \leq u \leq s]$ は，時刻 s までのコイン投げゲームで得られた得点がわかっているとき，時刻 $t\,(> s)$ のゲームが終わった直後の平均的な得点を意味している．(B.4) が意味していることは，もしコイン投げゲームが公平なゲームなら，時刻 t のゲームは有利になったり不利になったりすることはなく，平均的には時刻 s の得点となるということである．

このような特性を表すマルチンゲールをより厳密に定義すると，次のようになる．

定義 2.3 マルチンゲール（martingale）
確率過程 $\{X_t, t \geq 0\}$ は確率空間 $(\Omega, \mathcal{F}, \mathbb{P})$ 上で定義されており，$\mathcal{F}_t$ は X_t によって生成される σ 代数（$\mathcal{F}_t = \sigma(X_s, s \leq t)$）である．次の条件が満たされるとき，確率過程 $\{X_t, t \geq 0\}$ はマルチンゲールである．
(i) $\{X_t, t \geq 0\}$ は $\{\mathcal{F}_t, t \geq 0\}$-適合．
(ii) 任意の $t \geq 0$ に対して，$\mathbb{E}[|X_t|] < \infty$．
(iii) 任意の $0 \leq s \leq t$ に対して，$\mathbb{E}[X_t | \mathcal{F}_s] = X_s$ a.s.[*3)]

2.3 確率微分方程式

本節ではまず，前節で導入したブラウン運動を一般化して，状態変数の動的な振る舞いを表現する確率微分方程式について説明しよう．次いで，確率積分について説明し確率解析の基本的な演算公式である伊藤の公式を導く．

2.3.1 確率微分方程式の導出

状態変数の動的な振る舞いが，標準ブラウン運動のみで表現できる場合を考えてみよう．状態変数を X_t，標準ブラウン運動を W_t，状態変数の瞬間的な変動の大きさを $\sigma > 0$ とすると，状態変数の確率過程 $\{X_t, t \geq 0\}$ は，微分形式で，

$$dX_t = \sigma dW_t, \qquad X_0 = x \qquad (2.3.1)$$

と表すことができる．ただし，初期値 x は実数であるとする．この式を，

$$X_t = x + \sigma W_t \qquad (2.3.2)$$

と表現すれば[*4)]，次の性質が成り立つ．
- X_t は正または負の値をとる．
- X_t は平均 x，分散 $\sigma^2 t$ の正規分布に従う．
- 任意の $s\,(<t)$ と t に対して，$X_t - X_s$ の分散は，$Var[X_t - X_s] = \sigma^2(t-s)$ となる．

[*3)] a.s. の意味は p.116 参照．
[*4)] ここではまだ確率積分について紹介していないが，形式として導入して話を進める．

次に，状態変数の動的な振る舞いに上昇あるいは下落の傾向が見られる場合もある．その傾向をドリフト係数 μ で表すと，状態変数の動的な振る舞いは，微分形式で，

$$\mathrm{d}X_t = \mu \mathrm{d}t + \sigma \mathrm{d}W_t, \qquad X_0 = x \tag{2.3.3}$$

と表すことができ，ドリフト付き算術ブラウン運動（arithmetic Brownian motion）と呼ぶ．$\mathrm{d}X_t$ の期待値と分散は，それぞれ以下のようになる．

$$\mathbb{E}[\mathrm{d}X_t] = \mu \mathrm{d}t + \mathbb{E}[\mathrm{d}W_t] = \mu \mathrm{d}t \tag{2.3.4}$$

$$Var[\mathrm{d}X_t] = \sigma^2 \mathbb{E}[\mathrm{d}W_t^2] = \sigma^2 \mathrm{d}t \tag{2.3.5}$$

また，(2.3.3) を

$$X_t = x + \mu t + \sigma W_t \tag{2.3.6}$$

と表現すれば，平均が $x + \mu t$ となる以外，(2.3.2) と同様の性質が成り立つ．なお，W_t の見本過程が図 2.3 で，$\mu = 0.1, \sigma = 0.1, x = 1$ とする X_t の見本過程は，図 2.4 となる．

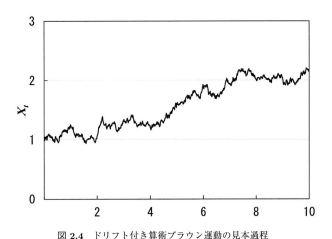

図 **2.4** ドリフト付き算術ブラウン運動の見本過程

次に，状態変数 X_t の変化率の動的な振る舞いが，

$$\mathrm{d}X_t = \mu X_t \mathrm{d}t + \sigma X_t \mathrm{d}W_t, \qquad X_0 = x > 0 \tag{2.3.7}$$

で表されている場合を考えよう．このように表される X_t の確率過程 $\{X_t, t \geq 0\}$

を幾何ブラウン運動（geometoric Brownian motion）と呼ぶ．(2.3.7) の解は，

$$X_t = x e^{(\mu - \sigma^2/2)t + \sigma W_t} \tag{2.3.8}$$

となる．$-\sigma^2/2$ の項が加わることが，確定的な微分方程式の場合とは大きく異なるところである．この項が加わるのは，先に説明した算術ブラウン運動の分散の性質による．また，算術ブラウン運動では，負の値もとり得たが，幾何ブラウン運動では正の値のみとなる．X_t の期待値と分散は，それぞれ以下のようになる．

$$\begin{aligned}
\mathbb{E}[X_t] &= x e^{(\mu - \sigma^2/2)t} \mathbb{E}[e^{\sigma W_t}] \\
&= x e^{(\mu - \sigma^2/2)t} e^{\sigma^2 t/2} \\
&= x e^{\mu t}
\end{aligned} \tag{2.3.9}$$

$$\begin{aligned}
Var[X_t] &= x^2 e^{2(\mu - \sigma^2/2)t} Var[e^{\sigma W_t}] \\
&= x^2 e^{2\mu t - \sigma^2 t} (\mathbb{E}[(e^{\sigma W_t})^2] - \mathbb{E}[e^{\sigma W_t}]^2) \\
&= x^2 e^{2\mu t - \sigma^2 t} (e^{2\sigma^2 t} - e^{\sigma^2 t}) \\
&= x^2 e^{2\mu t} (e^{\sigma^2 t} - 1)
\end{aligned} \tag{2.3.10}$$

X_t の期待値の計算における $\mathbb{E}[e^{\sigma W_t}]$ は，積率母関数 (2.2.19) より，$\mathbb{E}[e^{\sigma W_t}] = \sigma^2 t/2$ を得る．

W_t の見本過程が図 2.3 で，$\mu = 0.1$，$\sigma = 0.1$，$x = 1$ とする幾何ブラウン運動の見本過程は，図 2.5 となる．

2.3.2　確　率　積　分

次に，状態変数 X_t の積分を考えよう．これまで見てきたように，ブラウン運動は連続であるが至る所で微分不可能であり，経路は有界変動ではなかった．そのため，通常の積分（リーマン・スティルチェス積分）によって，積分 $\int_0^t f_s dW_s$ を定義できない．そこで，積分を定義するために確率積分を導入する．

時間区間 $[0, T]$ を分割し，$0 = t_0 < t_1 < \cdots < t_n = T$ とする．階段関数 $f_t(n)$ が

$$f_t(n) = f_{t_i}(n) = \alpha(i), \qquad t_i \leq t < t_{i+1} \tag{2.3.11}$$

と与えられるとしよう．ただし，$\alpha(i)$ は確率変数で，時間区間 $[t_i, t_{i+1})$ では定

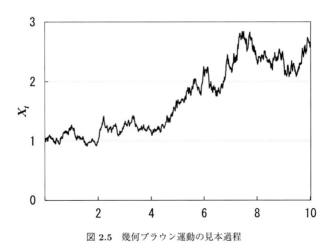

図 2.5 幾何ブラウン運動の見本過程

数である.また,$\alpha(i)$ は $W_{t_{i+1}} - W_{t_i}$ とは独立であり,$\mathbb{E}[\alpha(i)^2] < \infty$ を満たすとする.

このように与えられる階段関数に対して,$[0, T]$ 上の標準ブラウン運動 W_t に関する確率積分を

$$I(f_t(n)) \equiv \int_0^T f_t(n) \mathrm{d}W_t \equiv \sum_{i=0}^{n-1} \alpha(i)(W_{t_{i+1}} - W_{t_i}) \quad (2.3.12)$$

と定義する.このように定義された確率積分は以下の性質を持つ.

- $\mathbb{E}\left[\int_0^T f_t(n) \mathrm{d}W_t\right] = 0$ \hfill (2.3.13)

- $\mathbb{E}\left[\left(\int_0^T f_t(n) \mathrm{d}W_t\right)^2\right] = \mathbb{E}\left[\int_0^T f_t(n)^2 \mathrm{d}t\right]$ \hfill (2.3.14)

- $M_t = \int_0^t f_t(n) \mathrm{d}W_u$ \hfill (2.3.15)

 とすると,$\{M_t, 0 \leq t \leq T\}$ はマルチンゲールである.すなわち,
$$\mathbb{E}[M_t | M_u, u \leq s] = M_s, \qquad 0 \leq s < t \leq T \quad (2.3.16)$$
となる.

階段関数 $f_t(n)$ によって近似することのできる連続関数 f_t を考えよう.ここで,近似できるとは,次のような 2 乗可積分の意味で収束するということである.

$$\lim_{n\to\infty} \mathbb{E}\left[\int_0^T |f_t(n) - f_t|^2 \mathrm{d}t\right] = 0 \qquad (2.3.17)$$

このとき，
$$\lim_{n\to\infty} \mathbb{E}[(I(f_t(n)) - I(f_t))^2] = 0 \qquad (2.3.18)$$
となる I が存在すれば，この I を
$$I(f_t) = \int_0^T f_t \mathrm{d}W_t \qquad (2.3.19)$$
と書き，標準ブラウン運動 W_t に関する伊藤積分（Ito integral）と呼ぶ．

このように導入された伊藤積分については，階段関数を用いて定義した確率積分と同じように，以下の性質が得られる．

- 期待値
$$\mathbb{E}\left[\int_0^T f_t \mathrm{d}W_t\right] = 0 \qquad (2.3.20)$$

- 伊藤の等長性（Ito isometry）
$$\mathbb{E}\left[\left(\int_0^T f_t \mathrm{d}W_t\right)^2\right] = \mathbb{E}\left[\int_0^T f_t^2 \mathrm{d}t\right] \qquad (2.3.21)$$

- マルチンゲール性　伊藤積分
$$M_t = \int_0^t f_t \mathrm{d}W_u \qquad (2.3.22)$$
はマルチンゲールである．すなわち，
$$\mathbb{E}[M_t | M_u, 0 \le u \le s] = M_s, \qquad 0 \le s < t \qquad (2.3.23)$$
となる．

- 線形性　これまでの条件を満たす関数 f, g と任意の定数 a, b に対して，
$$\int_0^T (af_t + bg_t) \mathrm{d}W_t = a\int_0^T f_t \mathrm{d}W_t + b\int_0^T g_t \mathrm{d}W_t \qquad (2.3.24)$$
となり，線形性を満たす．

拡散過程

以上のようにして導入した標準ブラウン運動 W_t に関する積分を用いて確率変数 X_t の確率過程 $\{X_t, t \ge 0\}$ を

$$X_t = x + \int_0^T \mu_s \mathrm{d}s + \int_0^t \sigma_s \mathrm{d}W_s, \qquad X_0 = x \qquad (2.3.25)$$

としよう．ただし，μ_t は L_1 の意味での可積分な関数[*5]

$$\int_0^T |\mu_s| \mathrm{d}s < \infty \qquad (2.3.26)$$

である．σ は L_2 の意味で可積分な関数

$$\int_0^T \sigma_t^2 \mathrm{d}s < \infty \qquad (2.3.27)$$

である．(2.3.25) を満たす確率過程を拡散過程 (diffusion process) あるいは伊藤過程 (Ito process) と呼ぶ．また，(2.3.25) を微分形式で表した

$$\mathrm{d}X_t = \mu_t \mathrm{d}t + \sigma_t \mathrm{d}W_t, \qquad X_0 = x \qquad (2.3.28)$$

を伊藤の確率微分方程式 (stochastic differential equation) と呼ぶ．このように導入された拡散過程は，標準ブラウン運動と同様に，その見本過程は時間に関して連続であるが，無限大の分散を持つため微分不可能である．

2.3.3 伊藤の公式

確率微分方程式 (2.3.28) を一般化し，ドリフト係数と拡散係数が確率変数 X_t にも依存している場合を考えよう．

$$\mathrm{d}X_t = \mu(t, X_t)\mathrm{d}t + \sigma(t, X_t)\mathrm{d}W_t, \qquad X_0 = x \qquad (2.3.29)$$

確率変数 X_t の過程 $\{X_t, t \geq 0\}$ と時間 t の関数 $f(t, X_t)$ を考えよう．関数 f は t に関して1回連続微分可能，X_t に関して2回連続微分可能であるとする．このような関数 f を $f(t, X_t) \in C^{1,2}$ と表す．

時刻 t と時刻 $t + \mathrm{d}t$ 間における関数 f の変化を考え，$f(t+\mathrm{d}t, X_{t+\mathrm{d}t})$ を (t, X_t) のまわりで，2次までテイラー展開をすると，

$$\begin{aligned}f(t+\mathrm{d}t, X_{t+\mathrm{d}t}) =& f(t, X_t) + V_t(t, X_t)\mathrm{d}t + f_X(t, X_t)\mathrm{d}X_t \\ &+ \frac{1}{2}\left[f_{tt}(t, X_t)(\mathrm{d}t)^2 + f_{XX}(t, X_t)(\mathrm{d}X_t)^2 + 2f_{tX}\mathrm{d}t\mathrm{d}X_t \right]\end{aligned}$$
$$(2.3.30)$$

[*5] 正確には，時刻 t において関数 μ_t の値が既知となっている可測な関数のことである．

となる.ただし,f_i, f_{ii} はそれぞれ f の i に関する 1 階偏導関数,2 階偏導関数を表し,f_{ij} は交叉偏導関数を表す.(2.3.29) を用いて右辺を書き直すと,

$$\begin{aligned}f(t+\mathrm{d}t, X_{t+\mathrm{d}t}) =& f(t, X_t) + [f_t(t, X_t) + \mu f_X(t, X_t)]\mathrm{d}t + \sigma f(t, X_t)\mathrm{d}W_t \\ &+ \left[\frac{1}{2}\left(f_{tt}(t, X_t) + \mu^2 f_{XX}(t, X_t)\right) + \mu f_{tX}(t, X_t)\right](\mathrm{d}t)^2 \\ &+ \frac{1}{2}\sigma^2 f_{XX}(t, X_t)(\mathrm{d}W)^2 + \sigma f_{tX}(t, X_t)\mathrm{d}t\mathrm{d}W_t\end{aligned}$$
(2.3.31)

となる.ドリフト係数と拡散係数の引数は,式の見通しをよくするため省略している.ここで,$\mathrm{d}t^2 = 0$,$\mathrm{d}t\mathrm{d}W_t = 0$,$\mathrm{d}W_t^2 = \mathrm{d}t$ の結果を用い,$\mathrm{d}t$ よりも高次のオーダーの項を無視すると,(2.3.31) は次のように書き直せる.

$$\begin{aligned}f(t+\mathrm{d}t, X_{t+\mathrm{d}t}) =& f(t, X_t) + \left[f_t(t, X_t) + \mu f_X(t, X_t) + \frac{1}{2}\sigma^2 f_{XX}(t, X_t)\right]\mathrm{d}t \\ &+ \sigma f_X(t, X_t)\mathrm{d}W_t\end{aligned}$$
(2.3.32)

$\mathrm{d}f(t, X_t) \equiv f(t+\mathrm{d}t, X_{t+\mathrm{d}t}) - f(t, X_t)$ とすると,伊藤の公式 (Ito's formula) が得られる伊藤の補題 (Ito's lemma) が導き出される.

> **補題 2.1 伊藤の補題**
> 確率微分方程式 (2.3.29) に対して,関数 $f(t, X_t)$ が t に関して 1 回連続微分可能,X_t に関して 2 回連続微分可能であるとき,関数 f の確率微分方程式は,
>
> $$\mathrm{d}f(t, X_t) = \left[f_t + \mu(t, X_t)f_X + \frac{1}{2}\sigma(t, X_t)^2 f_{XX}\right]\mathrm{d}t + \sigma(t, X_t)f_X \mathrm{d}W_t$$
> (2.3.33)
>
> と表せる.

このようにして導出された伊藤の公式は,拡散過程の関数に対する演算の強力なツールである.補題の証明は確率積分の厳密な定義が必要であり,興味のある読者は,舟木 (1997) や長井 (1999) 等を参照されたい.なお,伊藤の公式を適用する場合は,これまでも紹介してきた次の演算法則が役に立つ.

$$\mathrm{d}t^2 = 0, \quad \mathrm{d}t\mathrm{d}W_t = 0, \quad \mathrm{d}W_t^2 = \mathrm{d}t$$
(2.3.34)

伊藤の公式の応用例

例題 2.1 (2.3.29) において，$\mu(t, X_t) = \mu X_t$, $\sigma(t, X_t) = \sigma X_t$ の場合を考えてみよう．これは確率過程 $\{X_t, t \geq 0\}$ が幾何ブラウン運動

$$dX_t = \mu X_t dt + \sigma X_t dW_t, \qquad X_0 = x \qquad (2.3.35)$$

で与えられるときである．関数 f が $f(X_t) = \ln X_t$ だとしよう．$f(X_t)$ に伊藤の公式を用いると，

$$df(X_t) = \left[\mu X_t f_X + \frac{1}{2}\sigma X_t^2 f_{XX}\right] dt + \sigma X_t f_X dW_t \qquad (2.3.36)$$

となる．ここで，$f_X = 1/X$, $f_{XX} = -1/X^2$ を代入すると，

$$df(X_t) = \left[\mu - \frac{1}{2}\sigma^2\right] dt + \sigma dW_t \qquad (2.3.37)$$

となる．$X_t = e^{f(X_t)}$ より，

$$\ln X_t = \ln x + \left[\mu - \frac{1}{2}\sigma^2\right] t + \sigma W_t \qquad (2.3.38)$$

を得る．さらに書き直すと，確率微分方程式 (2.3.35) の解

$$X_t = x e^{[\mu - (1/2)\sigma^2]t + \sigma W_t} \qquad (2.3.39)$$

を得る．

本章のまとめ

- 本章では，確率制御問題を解くために必要となる確率解析の基礎について解説した．特に伊藤の公式は，確率解析において極めて重要な演算公式である．
- 本章の内容については，主に田畑 (1993)，澤木 (1994)，松原 (2003)，成田 (2010) を参考とした．詳細について知りたい読者は，適宜これらの図書を参照されたい．

章 末 問 題

(1) p.13 の $A2$ の組合せを列挙しなさい．

(2) X_t が幾何ブラウン運動に従うとする．これに対して，Y_t は次のように与えられるとする．
$$Y_t = X_t^a$$
ただし，a は定数である．このとき，Y_t の従うべき確率微分方程式を導出しなさい．

(3) X_t は幾何ブラウン運動に従い，B_t は次の動学に従うとする．
$$B_t = B_0 \mathrm{e}^{rt}$$
このとき，次のように定義される Y_t，
$$Y_t = B_t^{-1} X_t$$
について，従うべき確率微分方程式を導出しなさい．

3

確率制御の基礎

　確率制御問題は，それを構成する状態変数，制御変数，評価関数の設定によってさまざまなバリエーションが考えられる．本章と次章では，こうした確率制御問題のバリエーションのなかから代表的なものを取り上げ，それらを体系付けながら考察する．なかでも本章では，確率制御理論の基礎となっている考え方，基本的な取扱いを概観したい．はじめに準備として，最適制御の基本的な考え方であるベルマンの最適性の原理（principle of optimality）について概観する．そうした準備のもと，状態変数，制御変数ともに連続的な変化が想定される問題を考察する．これは絶対連続制御問題と呼ばれるものである．この問題の解の満たすべき必要条件（HJB 方程式）を導出するとともに，その十分性について議論する．

3.1 最適性の原理

　企業などの経済主体の経済活動とそれに関連する意思決定を考えてみよう．経済主体が経済活動を通じて得る毎期の便益を $f(X_t, u_t)$ とする．ここで X_t は，経済主体の置かれたビジネス環境やそのもとでの活動水準など，便益を決定づける状態変数であり，u_t は，その状態変数に変化をもたらす制御変数である．有限の計画期間を想定し，その終端時刻を T とする．終端時刻に得られる便益を $g(X_T, u_T)$ とする．経済主体の期待総割引便益 J は，

$$J(0, X_0; \{u_t\}) = \mathbb{E}\left[\sum_{t=0}^{T-1} \frac{1}{(1+r)^t} f(X_t, u_t) + \frac{1}{(1+r)^T} g(X_T, u_T)\right] \quad (3.1.1)$$

と書ける．ただし，$\{u_t\}$ は，問題で考えられている期間 $[0, T]$ における制御過

程である．これまでの表記方法に従えば，$\{u_t, 0 \leq t \leq T\}$ と表記すべきであるが，期間を明示しなくても明らかな場合は，$\{u_t\}$ のように略記する．また，以下において，期間を明示する必要がある場合で，見やすさの観点から $\{u_t\}_{0 \leq t \leq T}$ のように表記することもある．

経済主体にとっての問題は，期待総割引便益 J を最大とするように，制御を実施することとなる．最適に実施された制御は，**最適制御**であり，$\{u_t^*\}$ と表される．具体的には次式のように表される．

$$V(0, X_0) = \max_{\{u_t\} \in \mathcal{U}} J(0, X_0; \{u_t\}) = J(0, X_0; \{u_t^*\}) \tag{3.1.2}$$

ここで，V はとり得る最大の期待総割引便益を表し，**価値関数**（value function）と呼ばれる．これは許容制御の全体 $\mathcal{U}$ の中から選ばれた最適な制御によって達成される．この選択は max によって表されている．本書のこれ以降においては，表現を簡便にするために，必要のない限り許容制御の全体を明記せず，$\max_{\{u_t\}}$ などのように表記する．

最適制御を求めるための基本的な考え方は，ベルマンの**最適性の原理**として知られている．それは，ある時点 t で最適とされる制御過程は，以降のいかなる時点での最適制御過程をも包含していなければならない，というものである．具体的には，ある時点 t において導出される最適制御 $\{u_s^*\}_{t \leq s \leq T}$ のうち，時刻 $s = t+1$ 以降の部分は，時刻 $t+1$ の時点で問題を再度解き直し最適解として導出される制御 $\{u_s^{**}\}_{t+1 \leq s \leq T}$ と一致していなくてはならない，というものである[*1]．

この原理から，各時点での価値関数は，その時点よりも1つ前の時点の価値関数を決定づけることになる．具体的には以下のようになる．いま，意思決定の時刻が終端時刻 T に至っているとし，その時点での経済主体の問題を考えると，

$$V(T, X_T) = \max_{u_T} g(X_T, u_T) \tag{3.1.3}$$

となっている．次に，その1期前の時刻 $t = T-1$ における価値関数を考え

[*1] Bellman (1957) で，ベルマンは最適性の原理について，以下のように述べている．

> An optimal policy has the property that, whatever the initial state and initial decision are, the remaining decision must constitute an optimal policy with regard to the outcome resulting from the first decision.

ると，

$$V(T-1, X_{T-1}) = \max_{u_{T-1}} \left\{ f(X_{T-1}, u_{T-1}) + \frac{1}{(1+r)} \mathbb{E}_{T-1}\left[g(X_T, u_T^*)\right] \right\} \tag{3.1.4}$$

となっている．ただし，$\mathbb{E}_{T-1}$ は時刻 $T-1$ までに得られた情報に基づき期待値をとることを表す．このように，どの時点の情報に基づいて期待値をとっているのかを明らかにする必要がある場合は，期待値作用素 $\mathbb{E}$ の下付きの添え字として，その時点を明記する．

ベルマンの最適性の原理に従えば，時刻 $T-1$ から始まる問題での最適制御（の最後の部分）と，終端時刻 T の問題での最適制御は一致していなければいけない．すなわち，$V(T, X_T) = g(X_T, u_T^*)$ となっていなければならない．このことから，時刻 $T-1$ における問題 (3.1.4) は，

$$V(T-1, X_{T-1}) = \max_{u_{T-1}} \left\{ f(X_{T-1}, u_{T-1}) + \frac{1}{(1+r)} \mathbb{E}_{T-1}\left[V(T, X_T)\right] \right\} \tag{3.1.5}$$

となっていなければならない．こうして，価値関数 $V(T-1, X_{T-1})$ は，その 1 期先の価値関数 $V(T, X_T)$ によって規定されることになる．

全く同じ論理を適用しながら時間を遡ってくると，任意の時刻 t における価値関数とその 1 期先での価値関数との間には次のような関係が成り立つことがわかる．

$$V(t, X_t) = \max_{u_t} \left\{ f(X_t, u_t) + \frac{1}{1+r} \mathbb{E}_t[V(t+1, X_{t+1})] \right\} \tag{3.1.6}$$

この関係は，必ずしも時間的に隣り合っているわけではない 2 つの時点についても拡張され得る．すなわち，任意の時刻 $s \in [0, T-1]$ とそのときの状態変数の値 X_s に対して，**動的計画法方程式**（dynamic programming equation）と呼ばれる次の式が成り立つ[*2]．

$$V(s, X_s) = \max_{\{u_t\}} \mathbb{E}_s \left[\sum_{t=s}^{s'-1} \frac{1}{(1+r)^{t-s}} f(X_t, u_t) + \frac{1}{(1+r)^{s'-s}} V(s', X_{s'}) \right] \tag{3.1.7}$$

[*2] ベルマンの最適性の原理の詳細な証明は，Yong and Zhou (1999, Chapter 4, Section 3.2) を参照されたい．

ただし，$s' \geq s+1$ である．

次に終端時刻が存在しないケースを考えてみよう．これは上記のように終端時刻 T が存在するケースにおいて，その T を限りなく大きくしたケースであると考えることもできる．ただし，上記のように，最適解を終端時刻から現時点に向かって後ろ向きに辿ってくるということができないため，数学的取扱いがやや異なったものになる．

まず，無限期間にわたる便益の足し算が発散してしまう（無限に大きくなってしまう）ことがないように，終端での便益の現在価値がゼロに収束すると仮定する．すなわち，

$$\lim_{T \to \infty} \frac{1}{(1+r)^T} \mathbb{E}[g(X_T, u_T)] = 0 \tag{3.1.8}$$

とする．この条件は，**横断性条件**（transversality condition）と呼ばれる．このとき，経済主体の期待割引総便益 J は，

$$\begin{aligned} J(X_0; \{u_t\}) &= \lim_{T \to \infty} \mathbb{E}\left[\sum_{t=0}^{T-1} \frac{1}{(1+r)^t} f(X_t, u_t) + \frac{1}{(1+r)^T} g(X_T, u_T)\right] \\ &= \mathbb{E}\left[\sum_{t=0}^{\infty} \frac{1}{(1+r)^t} f(X_t, u_t)\right] \end{aligned} \tag{3.1.9}$$

となる．これは時間 t には依存せず，状態変数の初期値 X_0 にのみ依存するものとなっている．すなわち，無限期間のケースにおいては，価値関数は状態変数 x のみの関数として $V(x)$ と書かれ，それに対して (3.1.6) と同様の動的計画法方程式が成り立つことになる．その方程式は次のように書かれる．

$$V(x) = \max_u \left\{f(x, u) + \frac{1}{1+r} \mathbb{E}[V(x')]\right\} \tag{3.1.10}$$

ただし，$x' = X_1$ である．

3.2　HJB 方程式

前節で論じた動的計画法の考え方，すなわち最適性の原理は，連続時間のモデルにおいても同様に適用される．離散時間のモデルにおける動的計画方程式

は，連続時間モデルにおいては，ハミルトン・ジャコビ・ベルマン（HJB）方程式（Hamilton–Jacobi–Bellman equation）と呼ばれるものに対応することになる．以下で詳しく見てみよう．

3.2.1 HJB 方程式の導出－有限時間設定

状態変数 X_t に対して，時刻 $t \geq 0$ に制御 u_t が実施されるとしよう．状態変数 X_t の動的振る舞いは，次の確率微分方程式によって記述される．

$$\mathrm{d}X_t = \mu(t, X_t, u_t)\mathrm{d}t + \sigma(t, X_t, u_t)\mathrm{d}W_t, \qquad X_0 = x > 0 \qquad (3.2.1)$$

ただし，$\mu(t, X_t, u_t)$ はドリフト係数，$\sigma(t, X_t, u_t)$ は拡散係数，W_t は標準ブラウン運動である．(3.2.1) が数学的に扱いやすいものであることを保障するため，μ と σ は必要とされる条件が満たされているとする[*3]．

毎時発生する便益を $f(t, X_t, u_t)$ とする．また，終端の時刻 T における便益を $g(X_T)$ とする．この終端便益は制御に依存しないものとする．このとき，時刻 $t \in [0, T]$ における経済主体の期待総割引便益 J は，次のように書かれることになる．

$$J(t, x_t; \{u_s\}) = \mathbb{E}_{t, x_t}\left[\int_t^T \mathrm{e}^{-r(s-t)} f(s, X_s, u_s)\mathrm{d}s + \mathrm{e}^{-r(T-t)} g(X_T)\right] \qquad (3.2.2)$$

ここで，便益関数（もしくはそれに相当する関数）に対して，2 次の成長条件[*4]と，次の可積分性の条件を満たす．

[*3] 必要とされる条件は，リプシッツ条件（Lipschitz condition）：
$$|\mu(t, x, u) - \mu(t, x', u)| + |\sigma(t, x, u) - \sigma(t, x', u)| < C|x - x'|$$
と，次の条件：
$$\mathbb{E}\left[\int_0^T (|\mu(t, x, u_t)| + |\sigma(t, x, u_t)|^2)\mathrm{d}t\right] < \infty$$
が満たされているとする．ただし，C は定数である．詳しくは，Touzi (2002, pp.6–7) を参照されたい．

[*4] 関数 f と g はそれぞれ連続関数であり，2 次の成長条件
$$|f(t, x, u)| + |g(x)| < C(1 + |x|^2)$$
を満たす．ただし，C は定数である．

仮定 3.1

便益関数は,

$$\mathbb{E}_{t,x_t}\left[\int_t^T e^{-r(s-t)}|f(s,X_s,u_s)|ds\right] < \infty$$

を満たす.

これらの仮定は,便益の期待割引現在価値が無限大に発散してしまうという経済的には非現実的な状況を排除するためのものである.ドリフト係数 μ および拡散係数 σ の満たすべき条件とあわせて,非現実的な状態変数の振る舞いや制御の可能性が排除されることになる.本書のこれ以降,以上の仮定が暗黙のうちに満たされているものとする.

期待総割引便益 (3.2.2) を最大とするように制御の過程 $\{u_s\}$ を選ぶ問題は,動的計画問題として,価値関数 V と総期待割引便益 J を用いて,次のように書かれることになる.

$$V(t,x_t) = \max_{\{u_s\}} J(t,x_t;\{u_s\}) = J(t,x_t;\{u_s^*\}) \qquad (3.2.3)$$

ただし,$\{u_s^*\}$ は最適制御を表す.

状態変数の従う確率微分方程式を明示するならば,この問題は次のような形式になっている.この問題は,後述する各種の不連続性を含む制御問題との対比で,(有限時間) 絶対連続制御問題 (absolutely continuous control problem) と呼ばれる.

絶対連続制御問題 (有限時間)

$$\max_{\{u_s\}} \mathbb{E}_{t,x_t}\left[\int_t^T e^{-r(s-t)}f(s,X_s,u_s)ds + e^{-r(T-t)}g(X_T)\right] \qquad (3.2.4)$$

$$\text{subject to} \quad dX_s = \mu(s,X_s,u_s)ds + \sigma(s,X_s,u_s)dW_s \qquad (3.2.5)$$

このように定式化された問題に対して,ベルマンの最適性の原理を適用すると,ハミルトン・ジャコビ・ベルマン (HJB) 方程式が導出されることになる.まず,時間区間 $[t,T]$ を $[t,t+dt]$ と $[t+dt,T]$ に分割して考える.(3.2.3) は,

$$
\begin{aligned}
V(t, x_t) &= \max_{\{u_s\}_{t \le s \le t+\mathrm{d}t}} \mathbb{E}_{t,x_t} \left[\int_t^{t+\mathrm{d}t} \mathrm{e}^{-r(s-t)} f(s, X_s, u_s) \mathrm{d}s \right. \\
&\quad + \max_{\{u_s\}_{t+\mathrm{d}t \le s \le T}} \mathbb{E}_{t+\mathrm{d}t, x_t+\mathrm{d}X_t} \left[\int_{t+\mathrm{d}t}^T \mathrm{e}^{-r(s-t)} f(s, X_s, u_s) \mathrm{d}s \right. \\
&\quad \left. \left. + \mathrm{e}^{-r(T-t)} g(X_T) \right] \right]
\end{aligned}
\tag{3.2.6}
$$

となる．ここで，時刻が t から $t+\mathrm{d}t$ に時間間隔 $\mathrm{d}t$ 進む間に，状態変数は $\mathrm{d}X_t$ 変化して，$x_t + \mathrm{d}X_t$ になることに注意しよう．この $\mathrm{d}X_t$ の振る舞いは，(3.2.5) で与えられている．(3.2.6) の右辺第 2 項は，次のように書き直せる．

$$
\begin{aligned}
&\max_{\{u_s\}_{t+\mathrm{d}t \le s \le T}} \mathbb{E}_{t+\mathrm{d}t, x_t+\mathrm{d}X_t} \left[\int_{t+\mathrm{d}t}^T \mathrm{e}^{-r(s-t)} f(s, X_s, u_s) \mathrm{d}s + \mathrm{e}^{-r(T-t)} g(X_T) \right] \\
&= \max_{\{u_s\}_{t+\mathrm{d}t \le s \le T}} \mathbb{E}_{t+\mathrm{d}t, x_t+\mathrm{d}X_t} \left[\int_{t+\mathrm{d}t}^T \mathrm{e}^{-r(s-(t+\mathrm{d}t)+\mathrm{d}t)} f(s, X_s, u_s) \mathrm{d}s \right. \\
&\quad \left. + \mathrm{e}^{-r(T-(t+\mathrm{d}t)+\mathrm{d}t)} g(X_T) \right] \\
&= \mathrm{e}^{-r\mathrm{d}t} \max_{\{u_s\}_{t+\mathrm{d}t \le s \le T}} \mathbb{E}_{t+\mathrm{d}t, x_t+\mathrm{d}X_t} \left[\int_{t+\mathrm{d}t}^T \mathrm{e}^{-r(s-(t+\mathrm{d}t))} f(s, X_s, u_s) \mathrm{d}s \right. \\
&\quad \left. + \mathrm{e}^{-r(T-(t+\mathrm{d}t))} g(X_T) \right] \\
&= \mathrm{e}^{-r\mathrm{d}t} V(t+\mathrm{d}t, x_t + \mathrm{d}X_t)
\end{aligned}
\tag{3.2.7}
$$

これを (3.2.6) に代入すると，

$$
V(t, x_t) = \max_{\{u_s\}_{t \le s \le t+\mathrm{d}t}} \mathbb{E}_{t,x_t} \left[\int_t^{t+\mathrm{d}t} \mathrm{e}^{-r(s-t)} f(s, X_s, u_s) \mathrm{d}s \right. \\
\left. + \mathrm{e}^{-r\mathrm{d}t} V(t+\mathrm{d}t, x_t + \mathrm{d}X_t) \right]
\tag{3.2.8}
$$

となる．ここで，e^k は $\mathrm{e}^k \simeq 1+k$ と近似できることを考えると，十分小さな $\mathrm{d}t$ に対しては，

$$e^{-r\mathrm{d}t} = 1 - r\mathrm{d}t \tag{3.2.9}$$

となっている．したがって，(3.2.8) は，

$$V(t, x_t) = \max_{\{u_s\}_{t \leq s \leq t+\mathrm{d}t}} \mathbb{E}_{t,x_t}\left[\int_t^{t+\mathrm{d}t} e^{-r(s-t)} f(s, X_s, u_s)\mathrm{d}s \right.$$
$$\left. + (1 - r\mathrm{d}t)V(t + \mathrm{d}t, x_t + \mathrm{d}X_t)\right] \tag{3.2.10}$$

となる．伊藤の公式を適用すると，$V(t+\mathrm{d}t, x_t+\mathrm{d}X_t)$ は次のように書き直せる．

$$V(t + \mathrm{d}t, x_t + \mathrm{d}X_t)$$
$$= V(t, x_t) + \left[V_t(t, x_t) + \mu V_X(t, x_t) + \frac{1}{2}\sigma^2 V_{XX}(t, x_t)\right]\mathrm{d}t + \sigma V_X(t, x_t)\mathrm{d}W_t \tag{3.2.11}$$

(3.2.11) の両辺について期待値をとると，

$$\mathbb{E}_{t,x_t}[V(t + \mathrm{d}t, x_t + \mathrm{d}X_t)]$$
$$= V(t, x_t) + \left[V_t(t, x_t) + \mu V_X(t, x_t) + \frac{1}{2}\sigma^2 V_{XX}(t, x_t)\right]\mathrm{d}t \tag{3.2.12}$$

となる．したがって，(3.2.10) の右辺第 2 項は，次のように書き直せる．

$$\mathbb{E}_{t,x_t}[(1 - r\mathrm{d}t)V(t + \mathrm{d}t, x_t + \mathrm{d}X_t)]$$
$$= V(t, x_t) + \left[V_t(t, x_t) + \mu V_X(t, x_t) + \frac{1}{2}\sigma^2 V_{XX}(t, x_t) - rV(t, x_t)\right]\mathrm{d}t \tag{3.2.13}$$

(3.2.13) を (3.2.10) に代入し，$\mathrm{d}t$ で割り，さらに $\mathrm{d}t$ をゼロに限りなく近づける（$\mathrm{d}t \to 0$）と，次式を得る．これが **HJB 方程式**である．

HJB 方程式（有限期間）

$$\max_{u_t}\left[f(t, x_t, u_t) + V_t + \mu(t, x_t, u_t)V_X + \frac{1}{2}\sigma(t, x_t, u_t)^2 V_{XX} - rV\right] = 0 \tag{3.2.14}$$

終端条件:
$$V(T, X_T) = g(X_T) \tag{3.2.15}$$

(3.2.14) は,「偏微分作用素 (partial differential operator)」を導入することにより,いくらか見やすい形式に書き直される.すなわち,

$$\mathcal{L} \equiv \frac{1}{2}\sigma(t, x_t, u_t)^2 \frac{\partial^2}{\partial X^2} + \mu(t, x_t, u_t)\frac{\partial}{\partial X} + \frac{\partial}{\partial t} - r \tag{3.2.16}$$

と定義し,これを用いて,(3.2.14) は,次のように書き直せる.

$$\max_{u_t}\left[\mathcal{L}V(t, x_t) + f(t, x_t, u_t)\right] = 0 \tag{3.2.17}$$

3.2.2 HJB 方程式の導出－無限時間設定

次に,問題の計画期間が無限期間となっている場合について考察しよう.無限期間における経済主体の期待総割引便益 J は,次のようになる.

$$J(t, x_t; \{u_s\}) = \mathbb{E}_{t, x_t}\left[\int_t^\infty e^{-r(s-t)} f(s, X_s, u_s) ds\right] \tag{3.2.18}$$

計画期間が無限期間である場合,離散時間のケースと同じく,期待総割引便益 J は,時間に依存せず,状態変数の初期値のみに依存することとなる.そこで,状態変数についても同じように関数の時間への依存がない形で定式化されていれば,最適化問題全体が時間に依存しないものとなる.

(3.2.1) のドリフト係数,拡散係数,そして便益関数も時間に依存せず,それぞれ $\mu(x, u)$, $\sigma(x, u)$, $f(x, u)$ となっているとする.このとき,期待総割引便益 J は,次のようになる.

$$J(x_t; \{u_s\}) = \mathbb{E}_{x_t}\left[\int_t^\infty e^{-r(s-t)} f(X_s, u_s) ds\right] \tag{3.2.19}$$

経済主体の問題は,

$$V(x_t) = \max_{\{u_s\}} J(x_t; \{u_s\}) = J(x_t; \{u_s^*\}) \tag{3.2.20}$$

と与えられることになる.これをもとに,有限期間における HJB 方程式と同様にして,無限期間における HJB 方程式を導出しよう.

まず,時間区間 $[t, \infty)$ を $[t, t+dt]$ と $[t+dt, \infty)$ に分割をすると,(3.2.20) は,

3.2 HJB 方程式

$$V(x_t) = \max_{\{u_s\}_{t \leq s \leq t+\mathrm{d}t}} \mathbb{E}_{x_t}\left[\int_t^{t+\mathrm{d}t} \mathrm{e}^{-r(s-t)} f(X_s, u_s)\mathrm{d}s\right. \\ \left. + \max_{\{u_s\}_{t+\mathrm{d}t \leq s < \infty}} \mathbb{E}_{x_t+\mathrm{d}X_t}\left[\int_{t+\mathrm{d}t}^\infty \mathrm{e}^{-r(s-t)} f(X_s, u_s)\mathrm{d}s\right]\right] \quad (3.2.21)$$

となる．(3.2.21) の右辺第 2 項は，

$$\begin{aligned}
&\max_{\{u_s\}_{t+\mathrm{d}t \leq s < \infty}} \mathbb{E}_{x_t+\mathrm{d}X_t}\left[\int_{t+\mathrm{d}t}^\infty \mathrm{e}^{-r(s-t)} f(X_s, u_s)\mathrm{d}s\right] \\
&= \max_{\{u_s\}_{t+\mathrm{d}t \leq s < \infty}} \mathbb{E}_{x_t+\mathrm{d}X_t}\left[\int_{t+\mathrm{d}t}^\infty \mathrm{e}^{-r(s-(t+\mathrm{d}t))-r\mathrm{d}t} f(X_s, u_s)\mathrm{d}s\right] \\
&= \mathrm{e}^{-r\mathrm{d}t} \max_{\{u_s\}_{t+\mathrm{d}t \leq s < \infty}} \mathbb{E}_{x_t+\mathrm{d}X_t}\left[\int_{t+\mathrm{d}t}^\infty \mathrm{e}^{-r(s-(t+\mathrm{d}t))} f(X_s, u_s)\mathrm{d}s\right] \\
&= \mathrm{e}^{-r\mathrm{d}t} V(x_t + \mathrm{d}X_t)
\end{aligned} \quad (3.2.22)$$

と書き直せる．これを，(3.2.21) に代入すると，有限期間における (3.2.8) に対応する式

$$V(x_t) = \max_{\{u_s\}_{t \leq s \leq t+\mathrm{d}t}} \mathbb{E}_{x_t}\left[\int_t^{t+\mathrm{d}t} \mathrm{e}^{-r(s-t)} f(X_s, u_s)\mathrm{d}s + \mathrm{e}^{-r\mathrm{d}t} V(x_t + \mathrm{d}X_t)\right] \quad (3.2.23)$$

を得る．有限期間と同様にして，無限期間における HJB 方程式が，次のように求まる．

> **HJB 方程式**（無限期間）
>
> $$\max_{u_t}\left[f(x_t, u_t) + \mu(x_t, u_t)V'(x_t) + \frac{1}{2}\sigma(x_t, u_t)^2 V''(x_t) - rV(x_t)\right] = 0 \quad (3.2.24)$$
>
> 微分作用素（differential operator）$\mathcal{L}$ を，
>
> $$\mathcal{L} \equiv \frac{1}{2}\sigma(x_t, u_t)^2 \frac{\mathrm{d}^2}{\mathrm{d}x^2} + \mu(x_t, u_t)\frac{\mathrm{d}}{\mathrm{d}x} - r \quad (3.2.25)$$
>
> と定義すれば，表記が次のように簡単になる．
>
> $$\max_{u_t}[\mathcal{L}V(x_t) + f(x_t, u_t)] = 0 \quad (3.2.26)$$

この式は，(3.2.17) と同じ形をしていることがわかる．なお，(3.2.17) の偏微分作用素は (3.2.16) のように定義されるが，(3.2.25) では，$\partial/\partial t$ がない形になっている．これは，有限期間での価値関数 V が t と X_t の関数である一方で，無限期間でのそれは，X_t だけの関数であることによるものである．このように，作用素 $\mathcal{L}$ は問題に応じてその都度便宜的に定義される．

HJB 方程式の導出のより詳細な議論については，Chang (2004) も参照されたい．

3.3 解の十分性

HJB 方程式は，その導出の過程から明らかなように，最適化問題の解が満たすべき方程式，すなわち，最適性のための必要条件を表している．それ自体，解の十分性を示している（すなわち，それが最適解であるといえる）わけではない．この方程式を満たす解が存在するとして，それが元の最適化問題の解になっている，ということが確認されるならば，HJB 方程式は十分条件としての性質も備えていることになる．HJB 方程式の十分性を示す定理は，**verification theorem** として知られている．以下，これについて詳しく見てみよう．

3.3.1 ディンキンの公式

まず，準備として，ディンキンの公式（Dynkin's formula）を導入する．これは，有限期間の設定では，次のような公式である．

> **定理 3.1 ディンキンの公式（有限期間）**
> ある関数 $\phi(t, X_t) \in C^{1,2}$ は，任意の時刻 $t' > t$ に対して，
>
> $$\mathbb{E}_{t,x_t}[\mathrm{e}^{-r(t'-t)}\phi(t', X_{t'})] = \phi(t, x_t) + \mathbb{E}_{t,x_t}\left[\int_t^{t'} \mathrm{e}^{-r(s-t)}[\mathcal{L}\phi(s, X_s)]\mathrm{d}s\right] \quad (3.3.1)$$
>
> が成り立つ．ただし，$\mathcal{L}$ は (3.2.16) で与えられる偏微分作用素である．

証明 関数 $\phi(t, X_t)$ について，

$$
\begin{aligned}
&\mathrm{d}(\mathrm{e}^{-rt}\phi(t, X_t)) \\
&= \mathrm{e}^{-rt}\left[-r\phi(t, X_t) + \phi_t(t, X_t)\mathrm{d}t + \phi_X(t, X_t)\mathrm{d}X_t + \frac{1}{2}\phi_{XX}(t, X_t)(\mathrm{d}X_t)^2\right] \\
&= \mathrm{e}^{-rt}\left[\left[-r\phi + \phi_t + \mu(t, X_t, u_t)\phi_X + \frac{1}{2}\sigma(t, X_t, u_t)^2\phi_{XX}\right]\mathrm{d}t \right.\\
&\quad \left. + \sigma(t, X_t, u_t)\phi_X \mathrm{d}W_t\right] \\
&= \mathrm{e}^{-rt}[\mathcal{L}\phi \mathrm{d}t + \sigma(t, X_t, u_t)\phi_X \mathrm{d}W_t] \quad (3.3.2)
\end{aligned}
$$

である．ただし，(3.3.2) の 2 番目の等号以降は，関数 $\phi(t, X_t)$ の引数を省略している．(3.3.2) の両辺を，初期条件 (t, x_t) のもとで時刻 t から t' まで積分し期待値をとると，

$$
\mathbb{E}_{t,x_t}\left[\int_t^{t'} \mathrm{d}(\mathrm{e}^{-rs}\phi)\right] = \mathbb{E}_{t,x_t}\left[\int_t^{t'} \mathrm{e}^{-rs}\left(\mathcal{L}\phi \mathrm{d}s + \sigma(s, X_s, u_s)\phi_x \mathrm{d}W_s\right)\right] \quad (3.3.3)
$$

となる．両辺に e^{rt} をかけ，計算すると，(3.3.1) が導き出される． □

同様にして，無限期間の設定でのディンキンの公式が，次のように導出される．

定理 3.2 ディンキンの公式（無限期間）
$\phi(X_t) \in C^2$ は，任意の時刻 $t' > t$ に対して，

$$
\mathbb{E}_{x_t}[\mathrm{e}^{-r(t'-t)}\phi(X_{t'})] = \phi(x_t) + \mathbb{E}_{x_t}\left[\int_t^{t'} \mathrm{e}^{-r(s-t)}\mathcal{L}\phi(X_s)\mathrm{d}s\right] \quad (3.3.4)
$$

が成り立つ．ただし，$\mathcal{L}$ は (3.2.25) で与えられる微分作用素である．

（証明省略）

3.3.2 十分性の確認

ディンキンの公式を用いれば，有限期間と無限期間それぞれのケースでの verification theorem が，以下のように示される．

定理 3.3　Verification theorem（有限期間）

仮定 3.1 が満たされているとする．関数 $\phi \in C^{1,2}$ を HJB 方程式 (3.2.14) の解とし，候補関数と呼ぶ．このとき，次が成り立つ．

(I) 任意の許容な制御過程 $\{u_s\}$ に対して次の不等式が成り立つ．

$$\phi(t, x_t) \geq J(t, x_t; \{u_s\}) \tag{3.3.5}$$

(II) 任意の時刻 t に対して，

$$u_t^* = \arg\max\{\mathcal{L}\phi(t, x_t) + f(t, x_t, u_t)\} \tag{3.3.6}$$

となる許容制御 $\{u_t^*\}$ が存在すると仮定する．ただし，$\mathcal{L}$ は (3.2.16) で与えられる偏微分作用素である．このとき，候補関数 ϕ は価値関数 V と一致し，

$$\phi(t, x_t) = V(t, x_t) \tag{3.3.7}$$

となる．さらに，$\{u_s^*\}$ は最適な制御となる．

証明　(I) ディンキンの公式 (3.3.1) を用いると，任意の候補関数 ϕ に対して，次式が成り立つ．

$$\begin{aligned}
&\mathbb{E}_{t,x_t}[\mathrm{e}^{-r(T-t)}\phi(T, X_T)] \\
&= \phi(t, x_t) + \mathbb{E}_{t,x_t}\left[\int_t^T \mathrm{e}^{-r(s-t)}[\mathcal{L}\phi(s, X_s)]\mathrm{d}s\right]
\end{aligned} \tag{3.3.8}$$

仮定により，ϕ は HJB 方程式 (3.2.14) の解なので，任意の制御 u_s に対して，不等式

$$\mathcal{L}\phi(s, X_s) \leq -f(s, X_s, u_s) \tag{3.3.9}$$

が成立している．さらに，$\phi(T, X_T) = g(X_T)$ であることを考えれば，(3.3.8) と (3.3.9) より，

$$\begin{aligned}
\phi(t, x_t) &\geq \mathbb{E}_{t,x_t}\left[\int_t^T \mathrm{e}^{-r(s-t)}f(s, X_s, u_s)\mathrm{d}s + \mathrm{e}^{-r(T-t)}g(X_T)\right] \\
&= J(t, x_t; \{u_s\})
\end{aligned} \tag{3.3.10}$$

を得る．これは，(3.3.5) を示している．

(II) (I) の証明において，制御が (3.3.6) を満たすとすると，(3.3.9) は等号

で成り立つ．したがって，
$$\phi(t, x_t) = J(t, x_t; \{u_s^*\}) = V(t, x_t) \qquad (3.3.11)$$
を得る． □

同様にして，無限期間における verification theorem が以下のように示される．

定理 3.4 Verification theorem（無限期間）
$\phi \in C^2$ は，HJB 方程式 (3.2.24) あるいは (3.2.26) を満たすとする．さらに，有限期間の終端条件に対応する横断性条件として，
$$\lim_{t \to \infty} \mathbb{E}_x[e^{-rt}\phi(X_t)] = 0 \qquad (3.3.12)$$
を仮定する．このとき，次を得る．

(I) 任意の許容な制御過程 $\{u_t\}$ に対して，次の不等式が成り立つ．
$$\phi(x) \geq J(x; \{u_t\}) \qquad (3.3.13)$$

(II) 任意の時刻 t に対して，
$$u_t^* = \arg\max[\mathcal{L}\phi(X_t) + f(X_t, u_t)] \qquad (3.3.14)$$
となる許容制御 $\{u_t^*\}$ が存在すると仮定する．ただし，$\mathcal{L}$ は (3.2.25) で与えられる微分作用素である．このとき，候補関数 ϕ と価値関数 V が等しくなり，
$$\phi(x) = V(x) \qquad (3.3.15)$$
となる．さらに，$\{u_t^*\}$ は最適な制御となる．

証明 (I) (3.2.26) より，任意の許容な制御過程 $\{u_s\}$ に対して，
$$\mathcal{L}\phi(X_s) + f(X_s, u_s) \leq 0 \qquad (3.3.16)$$
が成り立つ．ディンキンの公式 (3.3.4) より，(3.3.16) は
$$\mathbb{E}_x[e^{-rt}\phi(X_t)] - \phi(x) \leq -\mathbb{E}_x\left[\int_0^t e^{-rs}f(X_s, u_s)\mathrm{d}s\right] \qquad (3.3.17)$$
となる．極限 $\lim_{t \to \infty}$ をとると，(3.3.12) より，(3.3.17) の左辺第 1 項

はゼロとなる．したがって，(3.3.17) は，

$$-\phi(x) \leq -\mathbb{E}_x\left[\int_0^\infty e^{-rs} f(X_s, u_s) \mathrm{d}s\right] \quad (3.3.18)$$

となる．(3.3.18) の右辺は，(3.2.19) より $-J(x;\{u_t\})$ となる．したがって，

$$\phi(x) \geq J(x;\{u_t\}) \quad (3.3.19)$$

を得る．

(II) (I) の証明において，制御が (3.3.14) を満たすとすると，(3.3.17) は，等号で満たされる．したがって，

$$\phi(x) = J(x;\{u_t^*\}) = V(x) \quad (3.3.20)$$

を得る． □

ディンキンの公式や verification theorem の背景や関連事項については，Fleming and Soner (1993) や Øksendal (2003) を参照されたい．

3.4 求 解 方 法

前節で見た解の十分性のもとで，HJB 方程式の解が，元の確率制御問題に対する最適制御解となる．HJB 方程式を解く方法としてはさまざまなテクニックが知られている．本節では最も典型的な問題の1つである動的ポートフォリオ＝消費問題を解くことで，求解の例を示す．

3.4.1 マートン問題

2種類の金融資産があるとしよう．1つは**安全資産**（risk-free assets）で，時間とともに確実に金利が付き増加していくものである．もう1つは**危険資産**（risky assets）で，安全資産よりは平均的には増加のスピードが速いが，その過程には不確実な変動があるものである．前者の例としては銀行預金や債券が挙げられ，後者の例としては株式が挙げられる．投資家は，保有財産をこの2つの資産に配分しつつ，そこから財産の一部を引き出し消費に回していく．このような設定で，最適な資産のポートフォリオと消費過程を求める問題は，動的ポー

トフォリオ＝消費問題として最も基本的なものであり，マートン問題（Merton problem）と呼ばれている[*5]．この問題の求解について詳しく見てみよう．

時刻 t での安全資産としての保有額を B_t，危険資産としての保有額を S_t とする．安全資産は，確定的な金利 $\alpha > 0$ で増加し，微分方程式

$$\mathrm{d}B_t = \alpha B_t \mathrm{d}t, \qquad B_0 = b_0 \qquad (3.4.1)$$

に従う．一方，危険資産の価値は確率的に変動し，確率微分方程式

$$\mathrm{d}S_t = \mu S_t \mathrm{d}t + \sigma S_t \mathrm{d}W_t, \qquad S_0 = s_0 \qquad (3.4.2)$$

に従う．ただし，$\mu > 0, \sigma > 0$ とする．また，危険資産の期待収益率のほうが安全資産の収益率より大きい（$\mu > \alpha$）とする．この投資家の時刻 t での保有財産は，$X_t = B_t + S_t$ と書ける．ここから毎時，$C_t \geq 0$ の消費を行い，それにより効用 U を得るとしよう．効用を表す関数として，CRRA 型（constant relative risk aversion）の効用関数を考える．

$$U(C_t) = \frac{1}{1-\gamma} C_t^{1-\gamma} \qquad (3.4.3)$$

ここで，$\gamma \in (0,1)$ は，アロー・プラット（Arrow–Pratt）の相対的リスク回避度（degree of relative risk aversion）[*6]を表す．時刻 t の危険資産の保有比率は $\pi_t = S_t/X_t$ と書ける．これを用いて，消費も考慮した財産の確率過程を記述すると，次のようになる．

$$\mathrm{d}X_t = [(1-\pi_t)\alpha X_t + \pi_t \mu X_t - C_t]\mathrm{d}t + \pi_t \sigma X_t \mathrm{d}W_t, \qquad X_0 = x \quad (3.4.4)$$

投資家にとっての期待総割引効用 J は，

$$J(x; \{\pi_t\}, \{C_t\}) = \mathbb{E}\left[\int_0^\infty \mathrm{e}^{-rt} U(C_t) \mathrm{d}t\right] \qquad (3.4.5)$$

と与えられ，動的ポートフォリオ＝消費問題は，次のように定式化される．

$$V(x) = \max_{\{\pi_t\},\{C_t\}} J(x; \{\pi_t\}, \{C_t\}) = J(x; \{\pi_t^*\}, \{C_t^*\}) \qquad (3.4.6)$$

ここで，V は価値関数である．

[*5] 詳しくは，Merton (1969, 1971) を参照されたい．
[*6] $R_R(c)$ をアロー・プラットの相対的リスク回避度とすると，

$$R_R(c) = -\frac{U''(c)}{U'(c)} c$$

と定義される．(3.4.3) を代入すると $R_R(c) = \gamma$ と求まる．効用関数とリスク回避度の詳細に関しては前田 (2003, 第 1 章) を参照されたい．

3.4.2 最適ポートフォリオ

問題 (3.4.6) における HJB 方程式は，

$$\max_{\pi_0, C_0} \left[\frac{1}{2} \pi_0^2 \sigma^2 x^2 V''(x) + [[(1-\pi_0)\alpha + \pi_0 \mu]x - C_0]V'(x) \right. \\ \left. - rV(x) + U(C_0) \right] = 0 \tag{3.4.7}$$

となり，危険資産最適保有比率と最適消費率は，それぞれ次によって求まることになる．

$$\pi_0^* = \arg\max_{\pi} \left\{ \frac{1}{2} \pi^2 \sigma^2 x^2 V''(x) - (\alpha-\mu)\pi x V'(x) \right\} \tag{3.4.8}$$

$$C_0^* = \arg\max_{c \geq 0} \{-cV'(x) + U(c)\} \tag{3.4.9}$$

これらを解くと，次のようになる．

$$\pi_0^* = \frac{\alpha-\mu}{\sigma^2 x} \frac{V'(x)}{V''(x)} \tag{3.4.10}$$

$$C_0^* = V'(x)^{-\frac{1}{\gamma}} \tag{3.4.11}$$

ここから先の求解には，価値関数の形を特定化する必要がある．これには「推測 (guess)」を行う以外に方法がない．効用関数が (3.4.3) のような形で与えられているので，価値関数の形も同様の形式になっているものと推測する．すなわち，

$$V(x) = A \frac{1}{1-\gamma} x^{1-\gamma} \tag{3.4.12}$$

と推測する．ただし，A は未知定数である．

(3.4.10) – (3.4.12) を (3.4.7) に代入し整理すると，未知定数 A は，

$$A = \left\{ \frac{1}{\gamma} \left[r - (1-\gamma)\alpha - \frac{(\alpha-\mu)^2}{2\sigma^2} \frac{1-\gamma}{\gamma} \right] \right\}^{-\gamma} \tag{3.4.13}$$

となる．ここで，$A > 0$ となるために，

$$r > (1-\gamma)\alpha + \frac{(\alpha-\mu)^2}{2\sigma^2} \frac{1-\gamma}{\gamma} \tag{3.4.14}$$

を仮定する．(3.4.10)–(3.4.13) を用いると，任意の時刻 t における危険資産最

適保有比率と最適消費率は，それぞれ次のように求まる．

$$\pi_t^* = -\frac{\alpha - \mu}{\sigma^2}\frac{1}{\gamma} \tag{3.4.15}$$

$$C_t^* = \left\{\frac{1}{\gamma}\left[r - (1-\gamma)\alpha - \frac{(\alpha-\mu)^2}{2\sigma^2}\frac{1-\gamma}{\gamma}\right]\right\}X_t \tag{3.4.16}$$

危険資産と安全資産のポートフォリオは，時間によらず一定となり，消費は保有財産額に比例する形となることがわかる．このように推測された価値関数は，verification theorem より，最適解を与えることが確かめられる．

最後に，パラメータの値を $r = 0.1$, $\alpha = 0.2$, $\mu = 0.05$, $\sigma = 0.3$, $\gamma = 0.5$ とすると，財産 X_t と消費 C_t の過程は図 3.1 となる．なお，左側の縦軸が X_t の水準を，右側の軸が C_t の水準を表す．

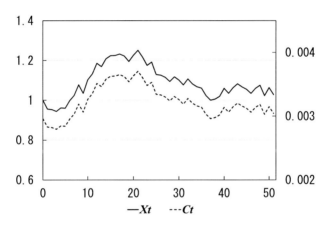

図 3.1 動的ポートフォリオ＝消費問題

本章のまとめ

- 動的計画問題あるいは最適制御問題を解く基本的な考え方は，ベルマンの最適性の原理である．
- その原理は，離散系の問題では，動的計画方程式として表現される．
- 連続系で状態変数を連続的に変化させるような制御は，絶対連続制御問題と呼ばれる．

- そうした問題に対する最適性の原理は，HJB 方程式に帰着される．
- HJB 方程式の解が特定の数学的条件のもとで最適解であることは，verification theorem によって確認される．

章 末 問 題

(1) 定理 3.2 のディンキンの公式（無限期間）を証明しなさい．
(2) 効用関数 (3.4.3) を対数関数
$$U(C_t) = \ln C_t$$
に代えて，3.4 節の問題を解きなさい．
(3) 3.4 節で推測された価値関数が，最適解を与えることを確かめなさい．

4

より高度な確率制御

　前章に続いて確率制御問題のバリエーションについて概観する．前章で扱った絶対制御問題は，状態変数の確率過程，制御変数の操作，経済主体の受ける便益など，すべてが連続関数となっており，最適性の原理を直接的に適用できる基本的な問題であった．本章では，制御を実施するか否か自体が重要な意思決定となるような，より高度な問題について考察する．具体的には，続行か停止かという二者択一の制御が想定される問題（最適停止問題），状態変数を一定の範囲に収めるような制御が想定される問題（特異制御問題），状態変数に不連続な変化が許容される問題（インパルス制御問題）について議論する．

4.1　最　適　停　止

　前章の議論では，絶対連続制御問題 (3.2.4), (3.2.5) について，状態変数 X と制御変数 u の連続性，有界性（上下限が存在する）が仮定されていた．本節では，これらの仮定を見直すことから議論をはじめよう．

4.1.1　停　止　時　刻

　基本問題として問題 (3.2.4), (3.2.5) を再掲しよう．ただし，初期時点を $t=0$ とし，期待値の条件 $t=0$ と X_0 は省略してある．

基本問題 4.1

$$\max_{\{u_t\}} \mathbb{E}\left[\int_0^T \mathrm{e}^{-rt}f(t,X_t,u_t)\mathrm{d}t + \mathrm{e}^{-rT}g(X_T)\right] \qquad (4.1.1)$$

$$\text{subject to} \quad dX_t = \mu(t, X_t, u_t)dt + \sigma(t, X_t, u_t)dW_t \qquad (4.1.2)$$

まず,制御変数が実数ではなく,整数の 2 値しかとり得ないと想定する.具体的な例として,0 と 1 のどちらかしかとれないようなケースを考える.これは,u がフラッグの役割をするものと考えることに等しい.さらに仮定を強くして,フラッグは一度挙げたら下ろすことができないと仮定する.すなわち,u は 0 から 1 に一度きりの変化しかできないものとする.ここで,フラッグを挙げる時刻を τ とすると,制御変数 u_t は次のように表せる.

$$u_t = \begin{cases} 0, & t < \tau \quad (\text{フラッグを挙げていない}), \\ 1, & t \geq \tau \quad (\text{フラッグを挙げている}) \end{cases} \qquad (4.1.3)$$

このような u への制約に伴って,f は $f(t, X_t, 0)$ から $f(t, X_t, 1)$ へ変化するものと考える.これは,$f(t, X_t, u_t)$ が制御によって構造的に変化するものと解釈することができる.簡略化のため,$f(t, X_t, 1) \equiv 0$ とする.同じく,状態変数を司る (4.1.2) は,その u の変化の時点でストップする,と考える.これは (4.1.2) において,$\mu(t, X_t, 1) = \sigma(t, X_t, 1) \equiv 0$ と仮定することにも等しい.つまり,フラッグが挙がり制御が実施されると,関数 f, μ, σ は,

$$f(t, X_t, 1) = \mu(t, X_t, 1) = \sigma(t, X_t, 1) \equiv 0 \qquad (4.1.4)$$

と仮定される.

このような問題設定は,結局,いつの時点でフラッグを挙げて(制御変数 u を変化させて)状態を固定させるかという問題に帰着させることができる.このような問題は,**最適停止問題**(optimal stopping problems)と呼ばれる[*1].また,制御を実施する時刻を**停止時刻**(stopping time)と呼ぶ.

以降,簡略化のため,f, μ, σ は t(時間)に依存しない関数とする.$f(t, X_t, 0)$,$\mu(t, X_t, 0), \sigma(t, X_t, 0)$ を改めて $f(X_t), \mu(X_t), \sigma(X_t)$ と書き直す.状態変数の初期値を x,停止時刻を τ とし,時点 τ での残存価値を $g(X_\tau)$ あるいは $g(X_{\tau \wedge T})$ と書くと[*2],初期時点 $t = 0$ での期待割引便益 J は,時点に依存しなくなり,次のように書かれる.

[*1] 最適停止問題のより詳しい解説については,穴太 (2000) や Peskir and Shiryaev (2006) などを参照されたい.

[*2] $\tau \wedge T$ は τ と T のどちらか小さいほうを指す.

$$J(x;\tau) = \mathbb{E}\left[\int_0^{\tau \wedge T} \mathrm{e}^{-rt} f(X_t) \mathrm{d}t + \mathrm{e}^{-r(\tau \wedge T)} g(X_{\tau \wedge T})\right] \quad (4.1.5)$$

そこで，最適停止問題は，次のような形式で記述されることになる．

最適停止問題

$$\sup_{\tau} \mathbb{E}\left[\int_0^{\tau \wedge T} \mathrm{e}^{-rt} f(X_t) \mathrm{d}t + \mathrm{e}^{-r(\tau \wedge T)} g(X_{\tau \wedge T})\right] \quad (4.1.6)$$

$$\text{subject to} \quad \mathrm{d}X_t = \mu(X_t)\mathrm{d}t + \sigma(X_t)\mathrm{d}W_t, \quad X_0 = x \quad (4.1.7)$$

価値関数 V と期待割引便益 J を用いて，最適停止問題を定式化すると，次のようになる[*3)]．

$$V(x) = \sup_{\tau} J(x;\tau) = J(x;\tau^*) \quad (4.1.8)$$

この問題は，sup の下に τ が付いているという点で，形式的には最適な停止時刻 τ^* を求めることが目的となっている．時点 $t=0$ での実際の意思決定は，停止するか否か（フラッグを挙げるか否か）であって，$\tau^* > 0$ である限りは停止をせず続行し，微小時間 $\mathrm{d}t$ 後に再度期待割引便益を評価し直し，続行か否かを決めることになる．そうした点で，τ^* は確率変数であり，これまで見てきた最適化問題の記述の仕方とは若干意味合いが異なる．

最適停止問題の本質は，各時点において，停止をするか否か（フラッグを挙げるか否か）の意思決定を行うことにある．停止をした瞬間に状態変数 X が固定され，それ以降の期待割引現在価値 J も固定されることになる．その固定された期待割引現在価値は，その時点での状態変数のみに依存することになる．このことは，(4.1.8) において価値関数 V が x のみの関数となっていることに対応している．そこで，停止の判断は，状態変数について判定条件を設定し，それが満たされたら停止を実行する，という形に置き換えることができる．具体的な判定条件としては，$X \in \mathbb{R}^n$（n 次元の実数ベクトル）の場合，$\mathbb{R}^n$ の上に設定される集合 $\mathcal{H}(t)$ の内側か外側か，というものである．こうした考え方の

[*3)] 意思決定主体の問題を，価値関数を用いて表現した場合に，制約条件の表示が省略されることが多く，その慣例に従う．

もとで，停止時刻 τ は

$$\tau \equiv \inf\{t \geq 0; X_t \notin \mathcal{H}(t)\} \tag{4.1.9}$$

と記述される．ここで，$\mathcal{H}(t)$ は停止を実施しない**続行領域** (continuation region) を表す．

このような続行領域の定義により，停止の判定問題は，続行領域の設定問題へと置き換えられる．X が領域 $\mathcal{H}(t)$ の内側から出発していれば，その領域の端（境界 $\partial \mathcal{H}(t)$）に達することをもって停止とすればよいということになる．

続行領域 $\mathcal{H}(t)$ は，一般的には時間 t に依存する可能性があるので，上記の議論において t の関数として考えた．しかしながら，状態変数や評価関数についてなんらかの変換をかけることによって，時間依存性を排除することも，多くの場合に可能である．はじめからこのように問題がうまく定式化されていれば，時間に依存しない形をとることとなる．実際，(4.1.5) の問題では，f, g, μ, σ が t（時間）に依存しない関数となっているので，その続行領域も時間には依存しない形になると容易に想像される．こうした続行領域のもとで，最適停止時刻は，次のように書かれる．

$$\tau \equiv \inf\{t \geq 0; X_t \notin \mathcal{H}\} \tag{4.1.10}$$

X_t は確率変数であるので，この τ も確率変数となることがわかる．

4.1.2 続 行 領 域

次に，こうした続行領域 $\mathcal{H}$ が具体的にどのように定まるのか考えてみよう．ある時点で実際に停止をして，その時点での状態変数の値が x であったとする．その時点以降の便益としては新たに発生するものは一切なく，その時点での終端価値 $g(x)$ が残存価値として残っているだけとなる．一方，もしその時点で停止せず続行していたとすると，その時点から見た将来便益の割引現在価値の総和は (4.1.8) で示されるように $V(x)$ となっている．したがって，「続行」がよりベターな判断であるとすれば，$V(x) > g(x)$ であるし，もしそうでないなら，$V(x) = g(x)$ となっていることになる．こうした考察から，続行領域 $\mathcal{H}$ は，次のように記述されることがわかる．

$$\mathcal{H} \equiv \{x; V(x) > g(x)\} \tag{4.1.11}$$

さらに，f や μ が X に対して単調な関数（非減少または非増加）ならば，$V(x)$ も x について単調であることが容易に予想される．したがって，X が一次元の実数（$X \in \mathbb{R}$）のような最も単純なケースでは，この続行領域は，単にある特定の値に対する大小関係の判定，すなわち，

$$\mathcal{H} \equiv \{x; x \in (-\infty, a)\} \quad \text{または，} \quad \mathcal{H} \equiv \{x; x \in (a, \infty)\} \tag{4.1.12}$$

と書けることになる．簡単にいってしまえば，

$$x < a \quad \text{または，} \quad x > a \tag{4.1.13}$$

の状態から出発した状態変数が，変動を繰り返しながら徐々に上昇（または低下）し，a という想定された上限値（または下限値）に到達した時点をもって停止とする，ということである．

このような上限値・下限値を**閾値**（threshold）または**臨界値**（critical value）と呼ぶ．こうして，状態変数が一次元の実数の場合には，最適な時刻 τ^* を求める問題は，最適な閾値 a^* を求める，という問題に帰着される．

最適停止問題を純粋に数学的な観点から見ると，続行領域の端，すなわち境界において，$V(x) = g(x)$ という条件を満たすような関数形を求める問題となっている．この条件は**境界条件**（boundary conditions）といってもよい．このように境界条件の定められた問題は**境界値問題**（boundary value problems）と呼ばれる．通常の境界値問題は，境界線（閾値）自体が所与となっており，さらにそこでの価値関数のとるべき値（境界値）も所与となっている[*4]．それに対して，最適停止問題は，境界線自体が未知，すなわち**未知境界**（unknown boundary）であり，そこでの境界値も具体的には与えられていないものである．その点で，境界値問題としては高度な問題であり，特に**自由境界問題**（free-boundary problems）と呼ばれる[*5]．

以上見てきたように，続行領域という考え方を導入すると，最適停止問題は，劇的に取扱いが容易な問題になる．閾値の存在と，前章までで見てきたベルマンの最適性の原理を組み合わせると，具体的な条件式が以下のように導出される．

[*4] そのような境界値問題の典型的な例は，熱伝導や振動を表す偏微分方程式で，物体の端の部分が特定の温度や特定の位置に固定されているようなものである．

[*5] 詳しくは，Peskir and Shiryaev (2006) などを参照されたい．

任意の x, $s \leq \tau \leq T$ に対して，価値関数 V が C^2 級の関数であるとする．この価値関数に対して，次のような関係が成り立つことになる．

$$
\begin{aligned}
V(x) &= \sup_{\tau} \mathbb{E}\left[\int_0^{\tau \wedge T} \mathrm{e}^{-rt} f(X_t) \mathrm{d}t + \mathrm{e}^{-r(\tau \wedge T)} g(X_{\tau \wedge T})\right] \\
&\geq \mathbb{E}\left[\int_0^s \mathrm{e}^{-rt} f(X_t) \mathrm{d}t + \mathrm{e}^{-rs} V(X_s)\right]
\end{aligned}
\tag{4.1.14}
$$

ここで，ディンキンの公式を適用すると，

$$
\begin{aligned}
\mathbb{E}[\mathrm{e}^{-rs} V(X_s)] &= V(x) + \mathbb{E}\left[\int_0^s \mathrm{e}^{-rt} \left(-rV(X_t) + \mu(X_t)V'(X_t)\right.\right. \\
&\qquad\qquad\qquad \left.\left. + \frac{1}{2}\sigma(X_t)^2 V''(X_t)\right) \mathrm{d}t\right] \\
&= V(x) + \mathbb{E}\left[\int_0^s \mathrm{e}^{-rt} \mathcal{L}V(X_t) \mathrm{d}t\right]
\end{aligned}
\tag{4.1.15}
$$

となる．ただし，$\mathcal{L}$ は

$$
\mathcal{L} \equiv \frac{1}{2}\sigma(X_t)^2 \frac{\mathrm{d}^2}{\mathrm{d}x^2} + \mu(X_t)\frac{\mathrm{d}}{\mathrm{d}x} - r
$$

と与えられる微分作用素である．これを，(4.1.14) に代入すると，

$$
0 \geq \mathbb{E}\left[\int_0^s \mathrm{e}^{-rt} [\mathcal{L}V(X_t) + f(X_t)] \mathrm{d}t\right]
\tag{4.1.16}
$$

となる．

これより，状態変数が任意の時点で満たすべき条件式である変分不等式（variational inequalities）が，以下のように定まる．

> **変分不等式**
> $$\mathcal{L}V(x) + f(x) \leq 0 \tag{4.1.17}$$
> $$V(x) \geq g(x) \tag{4.1.18}$$
> $$[\mathcal{L}V(x) + f(x)][V(x) - g(x)] = 0 \tag{4.1.19}$$

(4.1.19) は，相補性条件（complementary condition）と呼ばれる．これは，(4.1.17) と (4.1.18) の不等式のいずれか一方が等式で成り立つべきことを示

している.この相補性条件は,次のように書いてもよい.

$$\mathcal{L}V(x) + f(x) = 0, \quad x \in \mathcal{H} \tag{4.1.20}$$

$$V(x) = g(x), \quad x \notin \mathcal{H} \tag{4.1.21}$$

また,(4.1.17)–(4.1.19) をまとめると,次のように書くこともできる.すなわち,任意の x に対して,

$$\max\{\mathcal{L}V(x) + f(x), g(x) - V(x)\} = 0 \tag{4.1.22}$$

となり[*6],任意の $x \in \partial\mathcal{H}$ に対して

$$V(x) = g(x) \tag{4.1.23}$$

となる.

以上の条件の十分性については,3.3 節と同じ議論ができる.候補関数 $\phi(x) \in C^2$ が,変分不等式の解であるとすると,verification theorem より,候補関数が価値関数と一致するといえる[*7].

最後に,続行領域が $\mathcal{H} = \{x; x < 1.2\}$ である場合の最適停止のイメージを図 4.1 に示した.

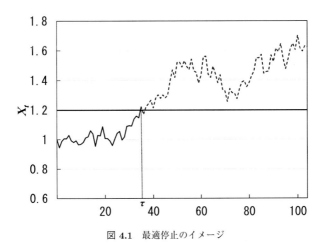

図 **4.1** 最適停止のイメージ

[*6) この式を HJB 変分不等式と呼ぶこともある (Pham, 2005).
[*7) 変分不等式についてのより詳細な議論は,Bensoussan and Lions (1982, 1984),Øksendal and Reikvam (1998) や Øksendal (2003) などが参考になる.

4.2 特異制御

4.1 節で示した最適停止問題の解法の考え方は，停止判定という問題を，続行領域の設定という問題に変換することであった．これに伴い，HJB 方程式に代わる最適性の条件式として，変分不等式が導出されることとなった．この一連の考え方は，HJB 方程式が十分に最適解を与えてくれない場合であっても，役に立つものである．以下，そのような場合の例を見てみよう．

4.2.1 バンバン制御

基本問題 4.1 において計画期間を無限大 ($T = \infty$) とし，終端便益がなくなり ($g(X_T) = 0$)，便益関数 f，ドリフト係数 μ，拡散係数 σ は時間に依存しないものとする．これらの設定のもとで，基本問題 4.1 は，第 3 章の無限時間設定の確率制御問題 (3.2.20) となる．基本問題 4.2 として改めて記述する．

基本問題 4.2

$$\max_{\{u_t\}} \mathbb{E}\left[\int_0^\infty \mathrm{e}^{-rt} f(X_t, u_t) \mathrm{d}t\right] \quad (4.2.1)$$

$$\text{subject to} \quad \mathrm{d}X_t = \mu(X_t, u_t)\mathrm{d}t + \sigma(X_t, u_t)\mathrm{d}W_t \quad (4.2.2)$$

基本問題 4.2 において，制御変数 $u_t \in \mathbb{R}$ が関数 f，μ および σ^2 に対して一次式の形で現れてくる場合を考える．すなわち，次のような形である．

$$f(X_t, u_t) \equiv f_1(X_t) + f_2(X_t)u_t \quad (4.2.3)$$

$$\mu(X_t, u_t) \equiv \mu_1(X_t) + \mu_2(X_t)u_t \quad (4.2.4)$$

$$\sigma(X_t, u_t)^2 \equiv \sigma_1(X_t)^2 + \sigma_2(X_t)^2 u_t \quad (4.2.5)$$

このような形式は，現実の制御問題には，実は頻繁に現れてくる．具体的な形式は 5.3 節で扱うとして，ここでは，純粋に数学的な形式として考察しよう．

(4.2.3)-(4.2.5) のような形式の場合，基本問題 4.2 の HJB 方程式は少し厄介な事態になる．容易にわかるように，それは，

4.2 特異制御

$$\max_{u_0} \Big[f_1(x) + \mu_1(x)V'(x) + \frac{1}{2}\sigma_1(x)^2 V''(x) - rV(x) \\ + \Big(f_2(x) + \mu_2(x)V'(x) + \frac{1}{2}\sigma_2(x)^2 V''(x) \Big) u_0 \Big] = 0 \quad (4.2.6)$$

となる．この式において，max の中で $u_0 \in \mathbb{R}$ は一次式の形で現れている．そこで，最適な u_0 は

$$\Phi(x) \equiv f_2(x) + \mu_2(x)V'(x) + \frac{1}{2}\sigma_2(x)^2 V''(x) \quad (4.2.7)$$

の符号によって定まる．具体的には，$\Phi(x)$ が正の場合は，u_0 をできる限り大きく，一方，$\Phi(x)$ が負の場合は，u_0 をできる限り小さくすることがよいことになる．

ここで，u_t にあらかじめ上下限が付いている場合を考える．これを $u_t \in [a,b] \subset \mathbb{R}$ と書くことにする．HJB 方程式 (4.2.6) から導かれる最適な u_0 は，$\Phi(x)$ の符号によって，上下限のどちらかに張り付くことになる．すなわち，次のようになる．

$$u_0^* = \begin{cases} a, & \Phi(x) < 0, \\ undetermined, & \Phi(x) = 0, \\ b, & \Phi(x) > 0 \end{cases} \quad (4.2.8)$$

このような制御方式は，バンバン制御（bang-bang control）と呼ばれる．最大限にアクセルを踏むか，最大限に急ブレーキをかけるか，どちらかのみというような制御方式である．

次に u_t についての制約を緩めて，その上限を取り払うことにする．すなわち，$b \equiv \infty$ として，$u_t \in [0,\infty)$ と考える．

ここで，下限について補足しておこう．下限の a については，$a \equiv 0$ としても一般性は失われない．なぜならば，$u_t \in [a,\infty)$ の場合，$\hat{u}_t \equiv u_t - a$ なる変数を定義し直せば，$\hat{u}_t \in [0,\infty)$ となり，さらに，

$$f \equiv f_1 + f_2 u_t = (f_1 + f_2 a) + f_2 \hat{u}_t \quad (4.2.9)$$

$$\mu \equiv \mu_1 + \mu_2 u_t = (\mu_1 + \mu_2 a) + \mu_2 \hat{u}_t \quad (4.2.10)$$

として，$\hat{f}_1 \equiv f_1 + f_2 a$ および $\hat{\mu}_1 \equiv \mu_1 + \mu_2 a$ とおき直せば，結局はじめから $a \equiv 0$ とすることに帰着されるからである．

また，このように上限だけ取り払う設定は，上下限ともに取り払う設定を包含するようなより一般的な設定になっている．なぜなら，u_t を正の部分 $u_t^+ \in [0, \infty)$ と負の部分 $u_t^- \in [0, \infty)$ に分解して，

$$u^+ \equiv \max\{u, 0\} \tag{4.2.11}$$

$$u^- \equiv -\min\{u, 0\} \tag{4.2.12}$$

とすれば，

$$u_t \equiv u_t^+ - u_t^- \tag{4.2.13}$$

であり，u_t^+, u_t^- それぞれについて，上限のみが取り払われた設定を考えることになるからである．

4.2.2 特異制御と変分不等式

$u_t \in [0, \infty)$ の設定に話を戻そう．u_t が非負であるとき，その積分 $\int_0^t u_s \mathrm{d}s$ は非減少過程となる．また，u_t が無限大になる瞬間には，$\int_0^t u_s \mathrm{d}s$ は不連続に増大することになる．この不連続な増大は，ある時点 τ での瞬間的なジャンプを意味し，その瞬間の前後（$\tau-$ 以前と τ 以降）での不連続性を意味するものである．こうした瞬間的なジャンプは，右連続（right-continuous）と言い換えられる．したがって，u_t の上限を取り払うということは，$\int_0^t u_s \mathrm{d}s$ を右連続非減少過程（right-continuous non-decreasing process）とすることに等しいといえる．

さて，以上のように u_t の上限を外すと，先に見たようなバンバン制御はできなくなる．$\Phi(X_t)$ が負となる場合は，u_t はその下限ゼロに張り付き $u_t^* = 0$ となる．しかし，$\Phi(X_t)$ が正となる場合は，u_t の張り付く上限がなく，$u_t^* = \infty$ が最適解となる．しかし，これは現実的であろうか．

問題を現実的な例として考えるために，次のように仮定する．

$$f_2(X_t) \equiv -k \tag{4.2.14}$$

$$\mu_2(X_t) \equiv 1 \tag{4.2.15}$$

$$\sigma_2(X_t)^2 \equiv 0 \tag{4.2.16}$$

ただし，$k > 0$ で定数とする．この設定で問題を再掲すると，次のようになる．

基本問題 4.2'

$$\max_{\{u_t\}} \mathbb{E}\left[\int_0^\infty e^{-rt}(f_1(X_t) - ku_t)dt\right] \quad (4.2.17)$$

subject to $\quad dX_s = \mu_1(X_t)dt + u_t dt + \sigma_1(X_t)dW_t \quad (4.2.18)$

$\qquad\qquad\quad u_t \in [0, \infty) \quad (4.2.19)$

この問題に対する HJB 方程式は，

$$\max_{u_0}\left[f_1(x) + \mu_1(x)V'(x) + \frac{1}{2}\sigma_1(x)^2 V''(x) - rV(x) + \Phi(x)u_0\right] = 0 \quad (4.2.20)$$

となる．ただし，

$$\Phi(x) \equiv -k + V'(x) \quad (4.2.21)$$

である．

さて，上述のように HJB 方程式 (4.2.20) にのみ着目すれば，最適制御は，次のようになるといえよう．

$$u_t^* = \begin{cases} 0, & \Phi(X_t) < 0, \\ undetermined, & \Phi(X_t) = 0, \\ \infty, & \Phi(X_t) > 0 \end{cases} \quad (4.2.22)$$

ここで，目的関数 (4.2.17) を見てみると，$\mathbb{E}[\int_0^\infty e^{-rt}(-ku_t)dt]$ という項が入っていることに気が付く．そこから直感的にわかることは，もし，$u_t^* = \infty$ という状態が続くようであれば，この目的関数は $-\infty$ になってしまうであろうということである．これでは，数学的には，仮定 3.1 を満たさなくなり，実際の問題としても非現実的なものとなってしまう．したがって，$u_t^* = \infty$ という制御が発生したとしても，それが続く時間は限りなく短いはずであると考えられる．

また，(4.2.20) だけから見ると，$\Phi(X_t) = 0$ の場合は，u_t^* は何でもよいことになる．しかし，$\mathbb{E}[\int_0^\infty e^{-rt}(-ku_t)dt]$ の形から考えれば，$u_t^* > 0$ とすることは明らかに最適性を欠く．仮に，そのような制御があり得たとしても，それは $u_t^* = \infty$ の場合と同じく，限りなく短い時間に留まるはずである．

以上の考察から，基本問題 4.2' に対する最適な制御の形態としては，$t \in [0, \infty)$

の時間の地平のなかで，そのほとんどの時間が，$u_t^* = 0$ となっており，限りなく短い時間だけ $u_t^* > 0$ となる瞬間が断続的に発生する，と考えられる．$u_t^* = 0$ であるということは，実質的には「制御を全く実施しない」ことを意味する．そこで，この問題に対する最適制御方式として，次のようなルールを考えることができる．

『$\Phi(X_t) < 0$ である限り，制御を実施せず（$u_t^* = 0$ とする），この条件が破られそうになったら（$\Phi(X_t) \geq 0$ となったら）制御を実施して（$u_t^* > 0$），

$$X_t^* = x + \int_0^t \mu_1(X_s)\mathrm{d}s + \int_0^t \sigma_1(X_s)\mathrm{d}W_s + \int_0^t u_s^* \mathrm{d}s \qquad (4.2.23)$$

の値を断続的に増加させる．』

このように，HJB 方程式が特殊な形をしており，そのため実際の制御が断続的になされるような制御問題は **特異制御問題**（singular control problem）と呼ばれる．上記の制御ルールに従うと，(4.2.20) は次のように変形される．

$$f_1(x) + \mu_1(x)V'(x) + \frac{1}{2}\sigma_1(x)^2 V''(x) - rV(x) = -\max_{u_0}\Phi(x)u_0 \begin{cases} = 0, & u_0^* = 0, \\ < 0, & u_0^* > 0 \end{cases}$$
$$(4.2.24)$$

したがって，このルールは変分不等式として，次のように書くことができる．

変分不等式（特異制御問題）

$$\mathcal{L}V(x) + f_1(x) \leq 0 \qquad (4.2.25)$$

$$-k + V'(x) \leq 0 \qquad (4.2.26)$$

$$[\mathcal{L}V(x) + f_1(x)][-k + V'(x)] = 0 \qquad (4.2.27)$$

ここで，$\mathcal{L}$ は

$$\mathcal{L} \equiv \frac{1}{2}\sigma_1(x)^2 \frac{\mathrm{d}^2}{\mathrm{d}x^2} + \mu_1(x)\frac{\mathrm{d}}{\mathrm{d}x} - r$$

と与えられる微分作用素である．

上述の制御ルールは，前節で見た最適停止問題と極めてよく似ている．ある

条件が満たされるまで，何もせずに待ち続けるのである．その条件は，$\Phi(X_t) = -k + V'(X_t)$ が負からゼロに変わることである．そこで，$\Phi(x) < 0$ を保持するような状態変数の領域を $\mathcal{H}$ とする．すなわち，

$$\mathcal{H} \equiv \{x; \Phi(x) < 0\} \tag{4.2.28}$$

とする．これは，$u_t^* = 0$ のための続行領域と考えてよい．問題の設定から，$V'(x)$ は x に関して単調減少関数となることが予想される．したがって，この続行領域は，

$$\mathcal{H} \equiv \{x; x > \alpha\} \tag{4.2.29}$$

と書き換えられるはずである．ここで，$V'(\alpha) = k$ である．こうして，(4.2.17)–(4.2.19) の問題は，$V'(\alpha) = k$ となる α の値を求める問題に帰着されるのである．

以上の議論からわかる通り，特異制御は，バンバン制御にも似た状況のもとで発生する．しかし，特異制御がバンバン制御と本質的に異なる点は，制御変数に上限（または下限）がない（すなわち，$u_t \in [0, \infty)$）という点であった．この条件は，$\eta_t \equiv \int_0^t u_s \mathrm{d}s$ が右連続非減少過程である，ということに言い換えられる．こうしたことから，通常，特異制御問題は，$u_t \in [0, \infty)$ の代わりに，η_t を主にして定式化される．そうすることによって，$u_t \in [0, \infty)$ の条件を明示的に書く必要がなくなるからである．基本問題 4.2' は，次のような形式に書かれることとなる．なお，見やすくするため，f_1, μ_1, σ_1 の添え字 1 は取り去る．

特異制御問題

$$\max_{\{\eta_t\}} \mathbb{E}\left[\int_0^\infty \mathrm{e}^{-rt} f(X_t) \mathrm{d}t - k \int_0^\infty \mathrm{e}^{-rt} \mathrm{d}\eta_t\right] \tag{4.2.30}$$

$$\text{subject to} \quad \mathrm{d}X_s = \mu(X_t)\mathrm{d}t + \sigma(X_t)\mathrm{d}W_t + \mathrm{d}\eta_t \tag{4.2.31}$$

$$\text{ただし，}\eta_t \text{は右連続非減少過程} \tag{4.2.32}$$

問題を上記のように書き直した上で，(4.2.30) のなかの

$$k \int_0^\infty \mathrm{e}^{-rt} \mathrm{d}\eta_t \tag{4.2.33}$$

の項について改めて見てみよう．これは，右連続非減少過程 η_t について，そ

の増分に比例する値 (k 倍の値) を現在価値換算して総和をとったものである.
「右連続」であるので,時間の進行する方向 (左から右) については不連続な変化 (ジャンプ) もあり得ることを示唆している. ところが実際のところは,そうした可能性はほとんどないことがわかる. それは次のように考えられるからである.

この問題に対する最適制御は,上で見た通り,$X_t \in \mathcal{H} \equiv \{x; x > \alpha\}$ である限り,制御を全く実施せず,$X_t \notin \mathcal{H}$ となる瞬間に制御を実施して,X_t を領域 $\mathcal{H}$ に押し戻すというものであった. この制御は,領域 $\mathcal{H}$ の境界 ($\partial \mathcal{H}$) でのみなされるため, その境界から離れた瞬間に元の制御のない状態に戻ることになる. それゆえ,$u_t^* = \infty$ となることはなく,結果的に,η_t は (不連続な増加が許容されてはいても) 実際上ほとんどの時間で連続的に増加することになる. 不連続な変化があるとしたら,たった一度だけ可能性がある. それは,X_t の初期値 X_{0-} が続行領域とその境界から外れている場合 ($X_{0-} \in \{x; x < \alpha\}$) である. その場合は直ちに続行領域の境界 ($\partial \mathcal{H} \equiv \{x; x = \alpha\}$) まで引き戻される ($X_0 \in \partial \mathcal{H}$) ことになり,それゆえ,この瞬間だけは η_0 は不連続な変化 (ジャンプ) をすることになるのである.

続行領域が $\mathcal{H} = \{x; x > 0.8\}$ である場合の特異制御のイメージを図 4.2 に示した. なお,X_t の水準が左軸で,η_t の水準が右軸である.

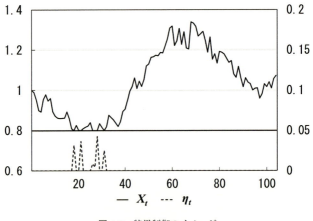

図 4.2 特異制御のイメージ

4.2.3 特異制御問題のより厳密な取り扱い

これまでの洞察を踏まえて，特異制御問題を数学的により厳密に再考してみよう．状態変数を X_t として，これが次の確率微分方程式に従うとする．

$$\mathrm{d}X_t = \mu(X_t)\mathrm{d}t + \sigma(X_t)\mathrm{d}W_t + \mathrm{d}\eta_t^+ - \mathrm{d}\eta_t^-, \qquad X_{0-} = x \quad (4.2.34)$$

ここで，$\{\eta_t^{\pm}\}_{t\geq 0}$ は，時刻 t までの情報 $\mathcal{F}_t$ が与えられれば $\eta_t^{\pm}$ の値がわかり，すなわち $\{\mathcal{F}_t\}_{t\geq 0}$-適合であり，$\eta_{0-}^{\pm} = 0$ となっているような右連続非減少過程である．また，η_t^+ は η_t の正方向への変動の蓄積を表し，η_t^- は η_t の負方向への変動の蓄積を表す．この2つを用いて，

$$\eta_t = \eta_t^+ - \eta_t^-$$

とすれば，この η_t は，正の値も負の値もとる u を用いて次のように表される．

$$\eta_t \equiv \int_0^t u_s \mathrm{d}s$$

これが有界変動，すなわち，全変動：

$$|\eta|_t = \int_0^t |u_s|\mathrm{d}s$$

に対して，$|\eta|_t < \infty$ であると仮定する．さらに，次の条件を満たすものとする．

$$\mathbb{E}\left[\int_0^\infty \mathrm{e}^{-rt}\mathrm{d}\eta_t^+\right] < \infty, \qquad \mathbb{E}\left[\int_0^\infty \mathrm{e}^{-rt}\mathrm{d}\eta_t^-\right] < \infty \quad (4.2.35)$$

(4.2.34) のもとで，経済主体の期待総割引便益 J が，X と η を用いて，次のように算定されると考える．

$$J(x;\eta) = \mathbb{E}\left[\int_0^\infty \mathrm{e}^{-rt}f(X_t)\mathrm{d}t - k_p \int_0^\infty \mathrm{e}^{-rt}\mathrm{d}\eta_t^+ - k_m \int_0^\infty \mathrm{e}^{-rt}\mathrm{d}\eta_t^-\right]$$
$$(4.2.36)$$

ここで，$k_p, k_m > 0$ は定数である．また，便益関数 f は，次式を満たされているとする（これは仮定 3.1 と基本的に同じものである）．

$$\mathbb{E}\left[\int_0^\infty \mathrm{e}^{-rt}f(X_t)\mathrm{d}t\right] < \infty \quad (4.2.37)$$

期待総割引便益 J を最大とする問題は，次のように定式化される．

$$V(x) = \sup_\eta J(x;\eta) = J(x;\eta^*) \quad (4.2.38)$$

以下，特異制御問題 (4.2.38) に対する変分不等式を厳密に求める．まず，$V(x) = J(x; \eta^*)$ となる最適制御 η^* が存在し，最適に制御が実施されたときの状態変数過程を $\{X_t^*(x)\}$ と仮定する．ただし，$\{X_t(x)\}$ は，初期値 x を明記した状態変数過程である．この x に対して，状態変数が制御を受けない区間 $[x - \delta, x + \delta]$ を定める．状態変数 x が制御を受けない形で変動し，最初にこの区間からはみ出すことになる時刻，すなわち退出時刻を θ とする．これは次のように表される．

$$\theta \equiv \inf\{t \geq 0; |\tilde{X}_t - x| = \delta\}$$

ただし，$\{\tilde{X}_t\}$ は制御されていない状態変数過程を表す．

ここで，次のような制御を考える．

$$\eta_t = \begin{cases} 0, & t < \theta, \\ \eta_t^*(\tilde{X}_\theta), & t \geq \theta \end{cases} \quad (4.2.39)$$

ただし，$\eta_t^*(x)$ は，状態変数の初期値が x のときの最適制御を表す．制御 (4.2.39) に対応する状態変数過程を

$$X_t = \begin{cases} \tilde{X}_t, & t < \theta, \\ X_t^*(\tilde{X}_\theta), & t \geq \theta \end{cases} \quad (4.2.40)$$

とする．このような制御のもとで，次の関係を得る．

$$\begin{aligned}
V(x) &\geq J(x; \eta) \\
&= \mathbb{E}\left[\int_0^\theta e^{-rt} f(\tilde{X}_t) dt + \mathbb{E}_{\tilde{X}_\theta}\left[e^{-r\theta}\left(\int_\theta^\infty e^{-r(t-\theta)} f(X_t^*(\tilde{X}_\theta)) dt \right.\right.\right.\\
&\quad \left.\left.\left. - k_p \int_\theta^\infty e^{-r(t-\theta)} d\eta_{t-\theta}^{+*}(\tilde{X}_\theta) - k_m \int_\theta^\infty e^{-r(t-\theta)} d\eta_{t-\theta}^{-*}(\tilde{X}_\theta)\right)\right]\right] \\
&= \mathbb{E}\left[\int_0^\theta e^{-rt} f(\tilde{X}_t) dt + e^{-r\theta} V(\tilde{X}_\theta)\right]
\end{aligned}$$
$$(4.2.41)$$

ディンキンの公式より，$V(x)$ は，

$$\mathbb{E}\left[e^{-r\theta} V(\tilde{X}_\theta)\right] = V(x) + \mathbb{E}\left[\int_0^\theta e^{-rt} \mathcal{L} V(\tilde{X}_t) dt\right] \quad (4.2.42)$$

と書き直される．ただし，$\mathcal{L}$ は

$$\mathcal{L} \equiv \frac{1}{2}\sigma(x)^2 \frac{d^2}{dx^2} + \mu(x)\frac{d}{dx} - r$$

と与えられる微分作用素である．(4.2.41), (4.2.42) より，
$$\mathbb{E}\left[\int_0^\theta \mathrm{e}^{-rt}(f(\tilde{X}_t)+\mathcal{L}V(\tilde{X}_t))\mathrm{d}t\right]\leq 0 \qquad (4.2.43)$$
となる．$\delta\to 0$ とすると，
$$\mathcal{L}V(x)+f(x)\leq 0 \qquad (4.2.44)$$
を得る．

次に，初期時刻 $t=0$ で制御が実施され，状態変数が x から $x+\delta$ となり，その後は，最適制御 η_t^* が実施される場合を考える．このとき (4.2.41) は，
$$\begin{aligned}V(x)&\geq J(x;\eta)\\&=-k_p\delta+V(x+\delta)\end{aligned} \qquad (4.2.45)$$
となる．これを書き直すと，
$$V(x+\delta)-V(x)\leq k_p\delta \qquad (4.2.46)$$
となる．この両辺を δ で割り，$\delta\to 0$ と極限をとると
$$V'(x)\leq k_p \qquad (4.2.47)$$
となる．

次に，初期時刻 $t=0$ で制御が実施され，状態変数が x から $x-\delta$ となり，その後は，最適制御 η_t^* が実施される場合を考える．上記と同様にして，
$$V'(x)\geq -k_m \qquad (4.2.48)$$
となる．以上をまとめると，問題 (4.2.38) に対する変分不等式は，次のようになる．

> 変分不等式（特異制御問題（その 2））
> $$\mathcal{L}V(x)+f(x)\leq 0 \qquad (4.2.49)$$
> $$V'(x)\leq k_p \qquad (4.2.50)$$
> $$V'(x)\geq -k_m \qquad (4.2.51)$$
> $$[\mathcal{L}V(x)+f(x)][V'(x)-k_p][-k_m-V'(x)]=0 \qquad (4.2.52)$$

さらに厳密な変分不等式の導出については，Højgaard and Taksar (2007, Chapter 3) を参照されたい．

4.3 インパルス制御

前節で記したように,特異制御においては,初期状態を除いて,状態変数にジャンプが起きることは事実上ない.その理由をさらに直感的な言い方に直すなら,境界から続行領域の内側深くまで状態変数を押し戻すような制御をしてまで (4.2.33) の部分を大きくする必要がないから,ともいえる.そこで,この部分の性質についてもう少し詳しく見てみよう.

4.3.1 固定費用とインパルス

制御が起こる時点を $\{\tau_0, \tau_1, \ldots\}$ として,各時点 τ_i から $\tau_i + \Delta\tau_i$ にかけての η_t の変化幅を $\Delta\eta_t$ と書くことにする.このとき,(4.2.33) は,

$$k\int_0^\infty e^{-rt}d\eta_t = \sum_{i=0}^\infty k\int_{\tau_i}^{\tau_i+\Delta\tau_i} e^{-rt}d\eta_t \simeq \sum_{i=0}^\infty e^{-r\tau_i} k\Delta\eta_{\tau_i} \quad (4.3.1)$$

と書き直される.

$k\Delta\eta_{\tau_i}$ の部分を変化幅に比例する「コスト」[*8] と見ると,この項は,制御実施の度に発生する「コスト」の現在価値の総和を表すと考えることができる.したがって,制御の回数は少なければ少ないほどよいし,また,その制御の幅(規模)も小さければ小さいほどよいということになる.特異制御において状態変数のジャンプがない理由はこの制御幅の最小化のゆえであった.

以上の考察を踏まえて,(4.2.30), (4.2.31) の問題を改変してみよう.まず,上述の $k\Delta\eta_{\tau_i}$ を,より一般的に η_t の増分の関数として考える.すなわち,

$$K(\Delta\eta_t) \quad (4.3.2)$$

とし,K は $K: \mathbb{R}_+ \cup \{0\} \to \mathbb{R}$ なる増加関数とする.さらに,$\zeta \equiv \Delta\eta$ として,次のように仮定する.

$$K(0_+) > 0, \qquad K(0) = 0 \quad (4.3.3)$$

[*8] 問題の設定によっては,この部分をマイナスのコスト,すなわち便益や利益として取り扱うこともある.それゆえ,ここでは「」を付けている.以下,適宜,コストや費用を便益や利益に読み替えることにする.

$$K(\zeta+\zeta') \leq K(\zeta) + K(\zeta'), \qquad \zeta,\zeta' \geq 0 \tag{4.3.4}$$

(4.3.3) は，η_t がごくわずかでも増加すると（$\zeta_t \equiv \Delta\eta_t > 0$），それに対して必ず正のコストがかかることを表している．(4.3.4) は，コスト関数に線形性が成り立たないことを示している．この性質は**劣加法性**（subadditivity）と呼ばれる．(4.3.3) および (4.3.4) の性質を持つような関数の例は，次のようなものである．

$$K(\zeta) = \begin{cases} k_f + k_p\zeta, & \zeta > 0, \\ 0, & \zeta \leq 0 \end{cases} \tag{4.3.5}$$

$k_f > 0$ は「固定費用」を表す．この固定費用の存在こそが，(4.2.33) との違いになっている．このような固定費用との対比として，(4.2.33) の k や (4.3.5) の k_p は，制御の大きさに比例する「比例費用」と呼ぶことができる．

このように (4.2.30) の「コスト」の部分を改変すると，最適解はどのように変化するであろうか．前節で見たように，(4.2.30), (4.2.31) のように書かれる特異制御問題の場合は，制御がなされるのは状態変数が領域からはみ出さないようにするためであり，結果的に状態変数は境界上に留まり続けることもあり得る．ところが，上のように $K(\Delta\eta_t)$ と書かれ，さらに $K(0_+) > 0$ であり，かつ，劣加法性が働くような場合には，そのような小刻みな制御は最適ではあり得ないことになる．コストを増加させないためには，制御は極力実施しないほうがよい．そのため，制御を実施する時点を厳選し，制御実施の継続時間も極力短くすることになるであろう．また，一度の制御で状態変数を境界から大きく引き離し，再び制御の必要性が発生する可能性を極力小さくするようになるであろう．結果として，$\Delta\tau_i$ は限りなく短くなり，η_t が時刻 τ_i で瞬間的に大きく変化することになるであろう．さらに，その瞬間的な変化の幅も重要な意思決定変数になるであろう．

こうした類推から，次のようなことがいえる．

『原点において不連続で，劣加法的な費用関数のもとでは，制御は η_t の瞬間的なジャンプのみとなり，その時点の選択と，その場合の $\Delta\eta_t$ の幅（規模）が，求めるべき最適解を構成する．』

そこで，$\Delta\eta_{\tau_i}$ を ζ_i と書き直し，状態変数 X_t の従うべき方程式を，次のように書き直すと，よりわかりやすい形となる．

$$\begin{cases} dX_t = \mu(X_t)dt + \sigma(X_t)dW_t, & \tau_i \le t < \tau_{i+1} < \infty, \quad i \ge 0, \\ X_{\tau_i} = X_{\tau_i-} + \zeta_i, \\ X_{0-} = x \end{cases} \quad (4.3.6)$$

これに対して，「コスト」の部分も，次のように書き直される．

$$\sum_{i=0}^{\infty} e^{-r\tau_i} K(\zeta_i) \mathbf{1}_{\{\tau_i\}} \quad (4.3.7)$$

ただし，

$$\mathbf{1}_{\{\tau_i\}} = \begin{cases} 1, & t = \tau_i, \\ 0, & t \ne \tau_i \end{cases} \quad (4.3.8)$$

である．

ζ_i は，状態変数 X_t をずらす役割を持っている．物理的なイメージでは，状態変数 X_t に瞬間的な衝撃を加えて，その物理的な位置を瞬間的に変えてしまうものである．これを「インパルス」と呼ぶ．そのような「インパルス」による対応が物理的に許容される制御問題をインパルス制御問題（impulse control problems）と呼ぶ．典型的な問題としては，次のように定式化される．

インパルス制御問題

$$\sup_v \mathbb{E}\left[\int_0^{\infty} e^{-rt} f(X_t) dt - \sum_{i=0}^{\infty} e^{-r\tau_i} K(\zeta_i) \mathbf{1}_{\{\tau_i\}}\right] \quad (4.3.9)$$

subject to (4.3.6)

$$v = \{(\tau_i, \zeta_i)\}_{i \ge 0} \quad (4.3.10)$$

4.3.2 準変分不等式

インパルス制御問題 (4.3.9)–(4.3.10) は，その初期値 x のみが固定されており，それ以降の状態変数の変動は制御の仕方によって決まってくる．それゆえ，その価値関数 V は，初期値 x のみの関数として書かれることになる．すなわち，

4.3 インパルス制御

$$V(x) = \sup_v J(x; v) = J(x; v^*) \tag{4.3.11}$$

と与えられる．ここで，評価関数（期待総割引便益）J は (4.3.9) の期待値以降を表し，v^* は最適なインパルス制御を表す．

インパルス制御の特徴は，制御実施の判定とともに，そのインパルスの幅（規模）も同時に決定するという点である．この2点を決定する条件式について，以下で詳しく見てみよう．まず，任意の時刻 t とそこから十分小さな時間 dt の間（時間間隔 $[t, t+dt]$）について考える．今すぐ制御を実施する場合（$t = \tau$）は，価値関数の値を最大とするために制御の規模を決めなければならず，

$$\begin{aligned}V(X_{t-}) = \sup_\zeta \Bigg[-K(\zeta) + \mathbb{E}_{X_{t-}} \Bigg[&\int_t^{t+dt} e^{-rs} f(X_{s-} + \zeta) ds \\ &+ e^{-r(t+dt)} V(X_{t-} + \zeta + dX_t) \Bigg] \Bigg]\end{aligned} \tag{4.3.12}$$

となる．一方，今すぐ制御を実施しない場合（$t \neq \tau$），価値関数は次のようになる．

$$V(X_{t-}) = \mathbb{E}_{X_{t-}} \left[\int_t^{t+dt} e^{-rt} f(X_{s-}) ds + e^{-r(t+dt)} V(X_{t-} + dX_t) \right] \tag{4.3.13}$$

このように価値関数は，今すぐ制御を実施するか否かで場合分けされる．各場合における価値関数をより詳しく見てみよう．

まず，今すぐ制御を実施する場合の (4.3.12) を，$X_t = X_{t-} + \zeta$ に注意して書き直すと，

$$\begin{aligned}&V(X_{t-}) \\ &= \sup_\zeta \left[-K(\zeta) + \mathbb{E}_{X_{t-}} \left[\int_t^{t+dt} e^{-rs} f(X_s) ds + e^{-r(t+dt)} V(X_t + dX_t) \right] \right]\end{aligned} \tag{4.3.14}$$

となる．制御が実施された直後では，(4.3.13) が適用される．すなわち，(4.3.13) において，X_{t-} を X_t と置き換えた，

$$V(X_t) = \mathbb{E}_{X_t} \left[\int_t^{t+dt} e^{-rt} f(X_s) ds + e^{-r(t+dt)} V(X_t + dX_t) \right] \tag{4.3.15}$$

が成り立つ. (4.3.15) の両辺について, 時刻 $t-$ での期待値をとると, 次のようになる.

$$\mathbb{E}_{X_{t-}}[V(X_t)] = \mathbb{E}_{X_{t-}}\left[\mathbb{E}_{X_t}\left[\int_t^{t+\mathrm{d}t} \mathrm{e}^{-rt}f(X_s)\mathrm{d}s + \mathrm{e}^{-r(t+\mathrm{d}t)}V(X_t + \mathrm{d}X_t)\right]\right]$$
$$= \mathbb{E}_{X_{t-}}\left[\int_t^{t+\mathrm{d}t} \mathrm{e}^{-rt}f(X_s)\mathrm{d}s + \mathrm{e}^{-r(t+\mathrm{d}t)}V(X_t + \mathrm{d}X_t)\right]$$
(4.3.16)

(4.3.14) に (4.3.16) を代入すると,

$$V(X_{t-}) = \sup_\zeta [-K(\zeta) + \mathbb{E}_{X_{t-}}[V(X_t)]] \tag{4.3.17}$$

を得る. 再び, $X_t = X_{t-} + \zeta$ に注意して, 右辺を書き直すと,

$$\begin{aligned}V(X_{t-}) &= \sup_\zeta [-K(\zeta) + \mathbb{E}_{X_{t-}}[V(X_{t-}+\zeta)]] \\ &= \sup_\zeta [-K(\zeta) + V(X_{t-}+\zeta)]\end{aligned} \tag{4.3.18}$$

となる. 以上の議論は, 任意の時刻 t に対して成り立つことから, 以降の議論においては, 初期時点 $(t=0,\ X_0=x)$ で考えることにしよう. この時点で, 今すぐ制御を実施する場合の (4.3.12) は, (4.3.18) より,

$$V(x) = \sup_\zeta [-K(\zeta) + V(x+\zeta)] \tag{4.3.19}$$

となる. ここで, (4.3.19) の右辺を

$$\mathcal{M}V(x) \equiv \sup_\zeta [-K(\zeta) + V(x+\zeta)] \tag{4.3.20}$$

とおく. この作用素 $\mathcal{M}$ は, 今すぐ制御を実施するときの最適な制御の規模を定める作用素となる. 以下では, 制御作用素と呼ぼう. (4.3.19) を (4.3.20) を用いて書き直すと, 次を得る.

$$V(x) = \mathcal{M}V(x) \tag{4.3.21}$$

一方, 今すぐ制御を実施しない場合の価値関数 (4.3.13) は, 通常の HJB 方程式の導出と同じ手法で取り扱うことができる. すなわち, テイラー展開を用いて, 微小時間 $\mathrm{d}t$ を限りなく小さくし, $\mathrm{d}t \to 0$ とすると,

$$0 = f(x) - rV(x) + \mu(x)V'(x) + \frac{1}{2}\sigma(x)^2 V''(x) \tag{4.3.22}$$

となる．ここで，(4.3.22) の右辺を，
$$\mathcal{L} \equiv \frac{1}{2}\sigma(x)^2 \frac{d^2}{dx^2} + \mu(x)\frac{d}{dx} - r$$
と定義される微分作用素 $\mathcal{L}$ を用いて書き直すと，
$$0 = f(x) + \mathcal{L}V(x) \tag{4.3.23}$$
となる．

以上より，初期時刻 $t = 0$ において，制御を実施することが最適な場合は，(4.3.21) が成り立ち，制御を実施することが最適ではない場合は (4.3.23) が成り立つ．両式のうちどちらかが一方が等号で成り立っており，他方は価値関数より小さくなっていることから不等号 > が成り立っている．したがって，任意の x に対して，次の関係が成り立つ．
$$V(x) \geq \mathcal{M}V(x) \tag{4.3.24}$$
$$0 \geq f(x) + \mathcal{L}V(x) \tag{4.3.25}$$
このようにして求まった不等式 (4.3.24) と (4.3.25) は，どちらか一方が等号で満たされるため，次の等式が成り立つ．
$$[f(x) + \mathcal{L}V(x)][\mathcal{M}V(x) - V(x)] = 0 \tag{4.3.26}$$
以上より，(4.3.24)–(4.3.26) は，問題 (4.3.9), (4.3.10) の価値関数 V を求める必要条件となる．これらの式を，問題 (4.3.9), (4.3.10) の準変分不等式 (quasi-variational inequalities: QVI) と呼ぶ．改めて書き表すと，次のようになる．

準変分不等式
$$\mathcal{L}V(x) + f(x) \leq 0 \tag{4.3.25}$$
$$V(x) \geq \mathcal{M}V(x) \tag{4.3.24}$$
$$[\mathcal{L}V(x) + f(x)][V(x) - \mathcal{M}V(x)] = 0 \tag{4.3.26}$$

(4.3.24) の導出過程から，最適停止問題あるいは特異制御問題と同様に，制御が実施されない続行領域 $\mathcal{H}$ は，

$$\mathcal{H} \equiv \{x; V(x) > \mathcal{M}V(x)\} \tag{4.3.27}$$

と与えられる.

このようにして導出された準変分不等式を用いることで,インパルス制御問題は,最適停止問題や特異制御問題と同じく,領域設定の問題へと変換できる.また,verification theorem より,ある関数(候補関数)が,準変分不等式の解であるとすると,候補関数が価値関数 V と一致し,最適なインパルス制御 v^* が求まる.より一般的な準変分不等式の考え方については,Constantinides and Richard (1978), Bensoussan and Lions (1984) などを参照されたい.

最後に,続行領域が $\mathcal{H} = \{x; x > 0.8\}$ であり,X_t の水準を 1.0 まで引き戻す場合のインパルス制御のイメージを図 4.3 に示した.

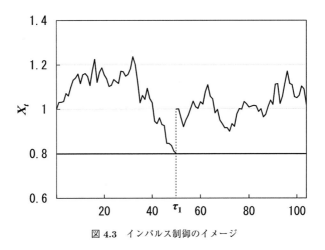

図 4.3 インパルス制御のイメージ

4.4 確率制御問題の類型

前章と本章の 2 つの章にわたって,連続時間での確率制御問題をさまざまな設定のもとで考察してきた.特に前章では,状態変数の確率過程,制御変数の操作,経済主体の受ける便益など,すべてが連続関数である場合を基本として,HJB 方程式の考え方とその意味合いについて考察した.これは,以降の問題形

式との対比で，「絶対連続制御問題」と呼ばれる．

　本章では，まず，制御が続行か停止かという二者択一であり，しかも一旦停止したらそれで状態変数が固定されるという一度限りの判断であるようなケースを考えた．これは「最適停止問題」と呼ばれる．その二者択一の判断は，数学的には，続行領域の設定という問題に置き換えられ，さらにそれは「変分不等式」として表現された．

　続いて，HJB方程式が制御変数について一次関数となり，それゆえ絶対連続制御問題とは違った制御方式が必要となるようなケースを考察した．これは「特異制御問題」と呼ばれるものである．この場合の制御の形式は，最適停止問題と同じく，続行か停止かという判断であり，同じく続行領域の設定という問題に帰着されるものであった．最適停止問題と異なる点は，続行・停止の判断が一度限りではないという点である．結果的に，状態変数が続行領域からはみ出ることがないように制御を繰り返すことになる．

　最後に，特異制御問題の形式の延長で，さらに特殊な条件が付されたケースを考えた．それは制御にかかる費用関数が原点において不連続かつ劣加法的な関数となるケースである．ほんのわずかな制御であって，その制御の規模には比例しない形で，ある一定の費用がかかる．こうした場合，特異制御の場合のように，制御を頻繁には繰り返すことはできなくなってしまう．なるべく制御の回数を減らすべく，続行領域の内側深くへと状態変数を押し戻すという制御が行われることになる．こうした制御がなされる問題は「インパルス制御問題」と呼ばれる．このインパルスの必要な時期に加えて，その大きさ（幅あるいは規模）を決めることも，この問題においては重要な解になる．それらは，「準変分不等式」として記述されることになる．

　インパルス制御問題を特異制御問題との対比で再考してみると，その違いは次のように考えられる．特異制御問題の場合は，続行領域からはみ出さないように制御を継続し得たが，インパルス制御問題の場合は，そうした制御の継続は最適ではない．なぜなら，制御を行うごとに非連続的に費用がかかるからである．そうした費用の典型例は「固定費用」である．特異制御問題は，そもそも制御変数に比例する形の費用，すなわち「比例費用」がかかり，それが要因となって，絶対連続制御問題とは異なった制御方式が必要とされることになっ

た．こうしたことから，特異制御問題では，制御変数に要する費用が比例費用である一方で，インパルス制御問題では，固定費用が加算される，という問題設定になっているといえる．

以上のことを表にまとめると，表 4.1 のようになる．

表 4.1 確率制御問題の類型

問題の特徴	定式化	制御形式	最適性の条件式
全変数が連続関数として記述される基本的なケース	絶対連続制御問題	状態変数に対する連続的な制御	HJB 方程式
停止判断によって状態変数が固定されるケース	最適停止問題	状態変数に対する続行領域の設定と境界での停止判定	変分不等式
制御量に比例的な費用・便益が発生するケース	特異制御問題	状態変数に対する続行領域の設定と領域内に留める操作	変分不等式
制御に要する費用が不連続・劣加法的な関数になるケース	インパルス制御問題	状態変数に対する続行領域の設定と領域内部に押し返す操作	準変分不等式

本章の最後に，いくつか関連する文献をまとめておこう．本章で議論の出発点となった動的計画法については，数多くの解説がある．確定的な場合においては，小山 (1995) に詳しい解説がなされている．動的計画法では，不確実性下における投資問題を扱った Dixit and Pindyck (1994) や，理論的な解説が詳しい Chang (2004) がよく知られている．本章でも参考にしている．同じ水準の参考文献としては，Kamien and Schwartz (1991) が挙げられる．より数学的に厳密な取扱いをしている参考文献としては，Fleming and Rishel (1975), Fleming and Soner (1993), Yong and Zhou (1999), 長井 (1999), Pham (2009), Morimoto (2010) が挙げられる．インパルス制御を中心的に扱った経済分析としては Stokey (2009) が挙げられる．

本章のまとめ

- 不可逆的な意思決定問題は，最適停止問題として定式化される．この問題はHJB方程式では扱えないが，最適性の原理の考え方は同様に適用され，変分不等式と続行領域に帰着される．
- 費用や便益が一次式となっている場合，特異制御問題となる．また，そうした費用や便益に固定費用が追加される場合，インパルス制御問題となる．
- 特異制御は，状態変数を続行領域の内側に留めるように行われる．
- インパルス制御は，状態変数を続行領域の内側深く弾き返すように行われる．

章末問題

(1) 本書では，最適化問題の一般形を効用や利潤の最大化問題として定式化している．これを費用最小化問題として定式化することも可能である．4.2節における基本問題 4.2' の (4.2.17) を次のような費用最小化問題に置き換え，その変分不等式を導出しなさい．
$$\min_{\{u_t\}} \mathbb{E}\left[\int_0^\infty e^{-rt}(f_1(X_t) + ku_t)dt\right]$$

(2) 同様に，4.3節のインパルス制御問題を，次のような費用最小化問題に置き換え，その準変分不等式を導出しなさい．
$$\inf_v \mathbb{E}\left[\int_0^\infty e^{-rt}f(X_t)dt + \sum_{i=0}^\infty e^{-r\tau_i}K(\zeta_i)\mathbf{1}_{\{\tau_i\}}\right]$$

5

確率制御の応用

本章では，第3・4章で概観してきた確率制御の応用について見ていこう．まず，絶対連続制御問題の枠組みを資源・環境問題に応用し，資源の管理問題と環境負荷物質の排出管理問題について考察する．次に，最適停止問題の応用として，オプション価値の評価問題と企業の投資問題を考察する．次に，特異制御問題の応用例として資源ストックの管理問題を，最後に，インパルス制御問題の応用例として，配当政策と再生可能資源の管理問題についてそれぞれ考察する．

5.1 絶対連続制御によるフロー管理

本節では，第3章で扱った絶対連続制御問題の枠組みを資源・環境の問題に適用する．はじめに，枯渇性資源の消費問題を，次いで，環境負荷物質排出の最適制御問題を取り扱う．いずれも，それぞれの設定でのHJB方程式を導出し，その具体的な解法について詳細に議論する．

5.1.1 枯渇性資源の最適消費

第1章で，資源として水を考え，その最適な消費問題を紹介した．本節では，資源として再生メカニズムのない**枯渇性資源**（exhaustible resources）を考える．すなわち，再生メカニズムに当たる $\Phi(S)$ はゼロとなる．さらに，状態変数の動的な振る舞いが不確実である場合について考察する．

不確実性が存在しない1.1節では，時刻 t における枯渇性資源のストック S_t と，その消費 C_t の関係は，次のようになっていた．

$$S_t = S_0 - \int_0^t C_s \mathrm{d}s$$

微分形式で記述すると，次となる．

$$\mathrm{d}S_t = -C_t \mathrm{d}t \tag{5.1.1}$$

ここで考えている枯渇性資源は，具体的には石油，石炭，天然ガスなどである．こうした資源は，太古の時代からの化石を起源として組成されているもので，人為的に新たに生産したり製造したりすることはできないものと考えられる．そうした意味で，地中に埋まっている量は確定しており，そこに不確実性を考慮する余地はほとんどないといえる．ところが，現実の資源利用を考えてみると，事情は少し異なってくる．

枯渇性資源は地中に埋まってはいるが，それを探査し掘削し，油田として開発するには人為的な活動とそれを支える技術が必要である．その際，技術進歩に伴って新たに埋蔵資源が発見されることもある．また，新たに油田が開発されることもある．その結果，利用可能な埋蔵資源量は増加することになる．また，そもそも資源の鉱脈は地理的に狭い範囲に限られており，埋蔵量があることが予想されていてもそれを掘り当てることは，確実性の低い大きな賭けとなっている．そのため，広域的には埋蔵量として換算されてはいても，実際に利用可能となる量はそれよりも低い値となる場合もあり得る．

さらに，大きな技術革新によって，それまでとは全く違う形の資源開発がなされることもある．実際，2000年代に入ってから米国では新型の天然ガス，いわゆる「シェールガス」が開発されるようになり，事実上天然ガス埋蔵量が急増することとなった．

天然ガスに関しては，これまでも，化石起源ではない無機系のガスが「非在来型天然ガス」と呼ばれ，さまざまな種類が確認されている．上記のシェールガスもそうした非在来型の一種とされる．現在のところ，非在来型天然ガスの開発は，多くの場合，経済性の成り立つ範囲ではない．しかし，将来的には十分に可能性があるとされている．

このように，有限とされる資源も，我々人類が利用できる範囲という点では，資源埋蔵量が確定しているわけではない．基本的に年々増加傾向ではあるが，推定埋蔵量が減少することもあり得るもので，結果的に確率的な変動に従って

いると考えられる.実際,BP(ブリティッシュ・ペトロリアム)社や国際エネルギー機関などの統計データを見てみると,毎年過去に遡ってデータが書き変わっていることがわかる[*1].

以上のことから,(5.1.1) には確率項を追加するのがより現実的なモデルであると考えられる.そうしたモデルは次のように記述される.

$$dS_t = -C_t dt + \sigma S_t dW_t, \quad S_0 = x \qquad (5.1.2)$$

(5.1.1) と比較すると,新たに資源ストックの不確実性を表す項 $\sigma S_t dW_t$ が加わっている形になっている.

1.1 節と同様の経済主体の問題を考えてみよう.ただし,取扱いの簡便さを優先し,計画期間は無限時間とする.すなわち,経済主体は消費計画を現在 $t = 0$ から計画期間の終端時刻 $t = \infty$ まで立てるとする.将来の資源のストック量は不確実であるため,消費から得られる効用 U は期待効用となる.経済主体の期待総割引効用 J は,次のように与えられる.

$$J(x; \{C_t\}) = \mathbb{E}\left[\int_0^\infty e^{-rt} U(C_t) dt\right] \qquad (5.1.3)$$

経済主体の問題は,資源の消費から得られる期待効用 J を最大とするように消費計画を立てることであり,次のように定式化される.

$$\max_{\{C_t\}} \mathbb{E}\left[\int_0^\infty e^{-rt} U(C_t) dt\right] \qquad (5.1.4)$$

$$\text{subject to} \quad dS_t = -C_t dt + \sigma S_t dW_t, \quad S_0 = x$$
$$S_t \geq 0, \quad 0 \leq t \leq \infty$$

この問題の価値関数 V は,次のように定まる.

$$V(x) = \max_{\{C_t\}} J(x; \{C_t\}) = J(x; \{C_t^*\}) \qquad (5.1.5)$$

ただし,$\{C_t^*\}$ は資源の最適な消費を表す.

以上のようにして定式化された経済主体の問題 (5.1.4) あるいは (5.1.5) の HJB 方程式は,

[*1] たとえば,BP のウェブサイト (http://www.bp.com/) からダウンロードできる "BP Statistical Review of World Energy" を参照されたい.

5.1 絶対連続制御によるフロー管理

$$\max_{C_0} \left[\frac{1}{2}\sigma^2 x^2 V''(x) - C_0 V'(x) - rV(x) + U(C_0)\right] = 0 \tag{5.1.6}$$

となる．これより，$t=0$ における最適な消費 C_0^* は，

$$C_0^* = \arg\max_{c \geq 0}\{-cV'(x) + U(c)\} \tag{5.1.7}$$

と記述される．解析的な解を得るためには，効用関数の形を特定化する必要がある．資源消費から得られる効用を，

$$U(C_t) = \frac{1}{1-\gamma}C_t^{1-\gamma} \tag{5.1.8}$$

と仮定する．$\gamma \in (0,1)$ は，アロー・プラットの相対的リスク回避度である．このような効用関数を仮定すると，$t=0$ における最適な消費 C_0^* は，

$$C_0^* = I(V'(x)) = V'(x)^{-\frac{1}{\gamma}} \tag{5.1.9}$$

と書けることになる．ただし，I は U' の逆関数である．

この形式からわかるように，価値関数 V の関数形が定まれば，最適な消費も自動的に求まることになる．そこで，解法の焦点は V の形をいかにして求めるか，という点になる．効用関数が (5.1.8) のような形をしていることから，V も同様の形式をしているであろうと推測（guess）する．すなわち，

$$V(x) = A\frac{1}{1-\gamma}x^{1-\gamma} \tag{5.1.10}$$

と推測する．ただし，A は未知定数である．(5.1.10) を前提とすると，(5.1.9) より，最適な消費の候補は，

$$C_0 = A^{-\frac{1}{\gamma}}x \tag{5.1.11}$$

と求まることになる．(5.1.10) と (5.1.11) を，HJB 方程式 (5.1.6) に代入し整理すると，

$$-\frac{1}{2}\sigma^2\gamma - \frac{r}{1-\gamma} + \frac{\gamma}{1-\gamma}A^{-\frac{1}{\gamma}} = 0 \tag{5.1.12}$$

となる．(5.1.12) を A について解くと，未知定数 A は，

$$A = \left[\frac{1-\gamma}{\gamma}\left(\frac{1}{2}\sigma^2\gamma + \frac{r}{1-\gamma}\right)\right]^{-\gamma} \tag{5.1.13}$$

でなければならないことになる．こうして，最適な消費 C_0^* は，

$$C_0^* = \left[\frac{1-\gamma}{\gamma}\left(\frac{1}{2}\sigma^2\gamma + \frac{r}{1-\gamma}\right)\right]x \qquad (5.1.14)$$

と求まる．(5.1.14) は任意の時刻 t に対して成り立つので，最適な消費過程 $\{C_t^*\}$ は常にその時点での資源ストック量に比例していることになる．

推測された価値関数 (5.1.10) は，verification theorem より，価値関数と等しくなり，(5.1.14) で求められた最適消費は，経済主体の問題に対する最適消費であることが容易に確認される．

この枯渇性資源利用の問題は，3.4 節で扱ったマートン問題に大変よく似た結果となっていることがわかる．最適な消費を決める (5.1.7) および (5.1.9) は，(3.4.9) および (3.4.11) と同じになっている．(5.1.14) と (3.4.16) は係数こそ異なるが，どちらも状態変数（枯渇性資源問題の場合は資源残存量，マートン問題の場合は保有資産総額）に比例する形になっている．

5.1.2 環境負荷物質の排出管理

本節では，環境分野でのフロー管理の例として，環境負荷物質の排出削減問題を取り上げる．

時刻 $t \geq 0$ において，経済活動に伴って，環境負荷物質が E_t 排出されるとする．排出された環境負荷物質のうち，$\gamma\ (\in (0,1])$ 倍がストックとして蓄積されるとする．環境負荷物質のストック Y_t の時間の経過による変化は，

$$dY_t = (\gamma E_t - \delta Y_t)dt + \sigma Y_t dW_t, \qquad Y_0 = y \qquad (5.1.15)$$

と与えられているとする[*2]．ただし，$\delta\ (\in (0,1))$ は，環境負荷物質のストックの自然減耗率を表す．環境負荷物質のストックは代表的経済主体に対して，損害 D を与えると考える．その限界的な損害は，環境負荷物質のストックの増加関数になっていると仮定する．すなわち，$D' > 0$, $D'' > 0$ である．具体的には，損害関数 D は，

$$D(Y_t) = bY_t^2 \qquad (5.1.16)$$

と表されるとする．ここで，$b > 0$ は環境負荷物質のストックから受ける損害

[*2] この設定は Baudry (2000) の設定に不確実性を導入したものである．$\sigma = 0$ とすると，Baudry (2000) の環境負荷物質ストックの動学と等しくなる．

を規定するパラメータである.

環境負荷物質の排出を削減するためには，経済活動に必要な投入物を環境負荷物質の排出が少ない投入物に変更することが 1 つの方法である．環境負荷物質を削減する前の排出フローを $\bar{E}$ とすると，環境負荷物質の削減は，

$$\bar{E} - E_t \tag{5.1.17}$$

と表される．こうした環境負荷物質の削減のためには，

$$C(E_t) = c(\bar{E} - E_t)^2 \tag{5.1.18}$$

の費用がかかるものと仮定する．以上より，経済主体の期待割引損害 J は，

$$J(y; \{E_t\}) = \mathbb{E}\left[\int_0^\infty e^{-rt}[D(Y_t) + C(E_t)]dt\right] \tag{5.1.19}$$

となる.

経済主体の問題は，期待割引損害 J を最小とするように，各時刻の環境負荷物質の排出フローを選択する問題として，次のように定式化される.

$$\min_{\{E_t\}} \mathbb{E}\left[\int_0^\infty e^{-rt}[D(Y_t) + C(E_t)]dt\right] \tag{5.1.20}$$
$$\text{subject to} \quad (5.1.15)$$

環境負荷物質の排出管理問題の価値関数 V は，次のように定まる.

$$V(y) = \min_{\{E_t\}} J(y; \{E_t\}) = J(y; \{E_t^*\}) \tag{5.1.21}$$

ただし，$\{E_t^*\}$ は最適な環境負荷物質の排出フローである.

環境負荷物質の排出管理問題に対する HJB 方程式は,

$$\min_{E_0}\left[\frac{1}{2}\sigma^2 y^2 V''(y) + (\gamma E_0 - \delta y)V'(y) - rV(y) + by^2 + c(\bar{E} - E_0)^2\right] = 0 \tag{5.1.22}$$

と与えられる．これより，最適な環境負荷物質の排出フローは，

$$E_0^* = \underset{E_0 \geq 0}{\arg\min}\left\{\gamma E_0 V'(y) - c(2\bar{E}E_0 - E_0^2)\right\} \tag{5.1.23}$$

と求まる．したがって,

$$E^* = \bar{E} - \frac{\gamma}{2c}V'(y) \tag{5.1.24}$$

となる.これを HJB 方程式 (5.1.22) に代入すると,

$$\frac{1}{2}\sigma^2 y^2 V''(y) + (\gamma\bar{E} - \delta y)V'(y) - \frac{\gamma^2}{4c}V'(y)^2 - rV(y) + by^2 = 0 \quad (5.1.25)$$

となる.ここで,価値関数の形を損害関数の形から,

$$V(y) = Ay^2 + By\bar{E} + M\bar{E}^2 \quad (5.1.26)$$

と推測する.ただし,$A > 0, B > 0, M > 0$ は未知定数である.(5.1.26) を (5.1.25) に代入すると,

$$\begin{aligned}\left[-\rho A - \frac{\gamma^2}{c}A^2 + b\right]y^2 + \left[\left(2\gamma A - \delta B - \frac{\gamma^2}{c}AB - rB\right)\bar{E}\right]y \\ + \left(\gamma B - \frac{\gamma^2}{4c}B^2 - rM\right)\bar{E}^2 = 0\end{aligned} \quad (5.1.27)$$

となる.ただし,$\rho \equiv r + 2\delta - \sigma^2$ である.これが任意の y について成り立つとすれば,y^2, y の係数は常にゼロとなっていなければならない.また,そのとき,y^0 の係数も同時にゼロとなっていなければならない.このことより,A, B, M はそれぞれ,

$$A = \frac{-\rho + \sqrt{\rho^2 + 4\gamma^2 b/c}}{2\gamma^2/c} \quad (5.1.28)$$

$$B = \frac{2\gamma A}{r + \delta + \gamma^2 A/c} \quad (5.1.29)$$

$$M = \frac{\gamma B}{r}\left[1 - \frac{\gamma B}{4c}\right] \quad (5.1.30)$$

と求まる.だだし,$\rho = r + 2\delta - \sigma^2$ である.(5.1.24), (5.1.26), (5.1.28), (5.1.29) より,任意の時刻 t に対して,最適な環境負荷物質の排出フロー E_t^* は,

$$E_t^* = \bar{E} - \frac{\gamma}{2c}(2AY_t + B\bar{E}) \quad (5.1.31)$$

となる.

Baudry (2000) は環境負荷物質のストックとして二酸化炭素を例に取り上げ比較静学をしている.同じパラメータの値を用いて最適な環境負荷物質の排出フローを求めよう.$y = 187.5$ [GtC (gigatonnes of carbon or carbon equivalent (炭素換算で 10 億トン))], $b = 0.00393216/2$, $c = 35.9/2$ [10 億ドル/GtC],

$\delta = 0.005$, $\gamma = 0.5$, $r = 0.04$, $\bar{E} = 7$ [GtC] (1989 年の排出量) とする. また, 不確実性については $\sigma = 0.01$ と仮定する (1980 年から 2008 年までの CO_2 濃度の標準偏差が 0.00139. 約 10 倍). これらのパラメータの値のもとで, $A = 0.0389$, $B = 0.856$, $M = 10.634$, $E^* = 6.713$ となる.

5.2 不可逆的な意思決定

本節では最適停止問題として定式化される経済主体の問題について考察する. 4.1 節で見たように, 最適停止問題は, 一度だけ可能な制御の実施を判定する問題である. そうした制御の実施時刻は停止時刻と呼ばれ, その時点をもって体系の動的変化が固定され, 意思決定者にとっての価値も固定されることになる. ここにいう制御とは, 経済的・政策的問題の脈絡では,「権利の行使」,「不可逆的な投資」,「新たな政策の導入」,「管理の開始」などを意味する. 以下では, そうした脈絡での最も典型的な例として, 株式を売却する権利であるプット・オプション (put option) の行使に関する意思決定と, 一度決定したら変更も調整も不可能となる設備拡張の意思決定を考察する.

5.2.1 オプション価値評価

ファイナンス分野における最適停止問題の代表的な例として, 満期日以前に権利行使が可能なアメリカン・オプション (American option) の価値評価を見ていこう. 考察するアメリカン・オプションは, 投資の計画期間が無限期間で, 対象となる資産を売る権利であるプット・オプションである. オプション価値評価は, 代表的な資産価値評価方法である. リスク中立 (risk-neutral) な世界における価値評価方法を用いる. なお, リスク中立評価方法 (risk-neutral valuation method) の詳細については, 付録 A.2 を参照されたい.

時刻 $t \geq 0$ における原資産である株式の価格を X_t としよう. その収益率は, 幾何ブラウン運動

$$dX_t = \mu X_t dt + \sigma X_t dW_t, \qquad X_0 = x \qquad (5.2.1)$$

に従っているとしよう. ただし, μ は株式の収益率の平均を, σ は収益率のボラティリティーを表す. 安全資産の収益率を r とすると, リスク中立な世界で

は，あらゆる資産の期待収益率は安全資産の収益率と等しくなることから，時刻 t における期待株価は，$\mathbb{E}_{\mathbb{Q}}[X_t] = xe^{rt}$ となる．ただし，$\mathbb{E}_{\mathbb{Q}}$ はリスク中立な世界での（リスク中立確率（risk-neutral probability）$\mathbb{Q}$ のもとでの）期待値を表す．したがって，リスク中立な世界では株価の動的な振る舞い (5.2.1) は，

$$dX_t = rX_t dt + \sigma X_t dW_t^Q, \qquad X_0 = x \qquad (5.2.2)$$

となる．

行使価格を K，権利行使時刻を τ とすると，無限期間のアメリカン・プット・オプションの価値 V は，次のように定式化される[*3)]．

$$V(x) = \sup_{\tau} \mathbb{E}_{\mathbb{Q}}[e^{-r\tau} \max[K - X_\tau, 0]] \qquad (5.2.3)$$

4.1 節で考察したように，最適停止問題の解の必要条件は変分不等式として記述され，それは未知境界の境界値問題として解かれる．オプション価値評価問題に対する変分不等式は，以下のようにして導出される．微分作用素 $\mathcal{L}$ を，

$$\mathcal{L} \equiv \frac{1}{2}\sigma^2 x^2 \frac{d^2}{dx^2} + rx\frac{d}{dx} - r$$

とすると，任意の x に対して，

$$\mathcal{L}V(x) \leq 0 \qquad (5.2.4)$$

なる関係が成り立たなくてはならない．もし，株価 x の水準が売却オプションの行使（最適停止問題としては停止判定）が最適でないならば，(5.2.4) は等号で満たされることになる．

一方，任意の株価の水準 x に対して，必ずしもオプションを行使することが最適ではないので，オプション価値 $V(x)$ と権利行使時の価値 $\max[K - x, 0]$ との関係は次のようになる．

$$V(x) \geq \max[K - x, 0] \qquad (5.2.5)$$

[*3)] これまでのように，権利行使価値の現在価値を，

$$J(x; \tau) = \mathbb{E}_{\mathbb{Q}}[e^{-r\tau} \max[K - X_\tau, 0]]$$

と書けば，投資家の問題は，

$$V(x) = \sup_{\tau} J(x; \tau) = J(x; \tau^*)$$

とも表現できる．

5.2 不可逆的な意思決定

もし権利行使が最適なら，(5.2.5) は等号で満たされることになる．したがって，(5.2.4) と (5.2.5) のいずれかが等号で満たされることになり，そのことは相補性条件として次のように記述される．

$$\mathcal{L}V(x)[\max[K-x,0]-V(x)]=0 \qquad (5.2.6)$$

こうして，(5.2.4)–(5.2.6) が，投資家の問題 (5.2.3) の変分不等式を構成することとなる．

変分不等式の考察から，続行領域 $\mathcal{H}$ は次のように与えられる．

$$\mathcal{H}=\{x;V(x)>\max[K-x,0]\} \qquad (5.2.7)$$

原資産を売却する権利であるプット・オプションについて考察していることから，オプション価値 $V(x)$ は x の減少関数となることが予想される．そこでもし，$V(\check{x})=\max[K-\check{x},0]$ となるような $\check{x}$ が一意に存在するなら，その値が最適停止判定の閾値となり，続行領域は次のように書き換えられる．

$$\mathcal{H}=\{x;x>\check{x}\} \qquad (5.2.8)$$

また，最適停止時刻は次のように記述される．

$$\tau=\inf\{t>0;X_t\leq\check{x}\} \qquad (5.2.9)$$

こうした停止時刻と続行領域の関係から，$x>\check{x}$ においては (5.2.4) が，

$$\mathcal{L}V(x)=0 \qquad (5.2.10)$$

と，等式で成り立っていなければならない．

そこで次なる関心は，この (5.2.10) をいかにして解くかということに移る．求解の手順は，これまで行ってきたように，関数形を想定し，そのパラメータを決定するというものである．

まず，微分方程式 (5.2.10) の解として，次のような関数形を想定する．

$$V(x)=Ax^\beta \qquad (5.2.11)$$

(5.2.11) を (5.2.10) に代入することにより，β の満たすべき特性方程式が次のように導出される．

$$\left(\frac{1}{2}\sigma^2\beta+r\right)(\beta-1)=0 \qquad (5.2.12)$$

この解は，次のようになる．
$$\beta_1 = 1 \tag{5.2.13}$$
$$\beta_2 = -\frac{2r}{\sigma^2} \tag{5.2.14}$$
したがって，(5.2.10) の一般解は，
$$V(x) = A_1 x + A_2 x^{\beta_2} \tag{5.2.15}$$
となる．ここで，$x \to \infty$ としたときに，プット・オプションの価値はゼロとならなければいけない ($\lim_{x \to \infty} V(x) = 0$)．(5.2.15) を見ると，第 2 項は $A_2 x^{\beta_2} \to 0$ となるが，第 1 項は $A_1 x \to \infty$ となってしまうため，$A_1 = 0$ とならなければならない．したがって，(5.2.10) の一般解は，
$$V(x) = A_2 x^{\beta_2} \tag{5.2.16}$$
となる．したがって，オプション価値は，株価の水準によって，
$$V(x) = \begin{cases} A_2 x^{\beta_2}, & x > \check{x}, \\ K - x, & x \leq \check{x} \end{cases} \tag{5.2.17}$$
となる．

オプション価値を求めるためには，未知定数 A_2 と $\check{x}$ の値を求めなければならない．これらは，続行領域と非続行領域の境界において，
$$V(\check{x}) = K - \check{x} \tag{5.2.18}$$
となること，そして，その接続がなめらかになされること，すなわち，
$$V'(\check{x}) = -1 \tag{5.2.19}$$
となることの 2 つの条件から確定される．前者の条件は，**value-matching** 条件，後者の条件は **smooth-pasting** 条件と呼ばれる[*4)]．

(5.2.18) と (5.2.19) の 2 つの条件より，閾値 $\check{x}$ と未知定数 A_2 は，それぞれ次のように求められる．
$$\check{x} = \left(\frac{\beta_2}{\beta_2 - 1}\right) K \tag{5.2.20}$$

[*4)] smooth-pasting 条件の詳細については，Brekke and Øksendal (1991)，Dixit (1993) Section 4.1 などを参照されたい．

$$A_2 = -\frac{1}{\beta_2}\left[\left(\frac{\beta_2}{\beta_2-1}\right)K\right]^{1-\beta_2} \quad (5.2.21)$$

最後に，期待停止時刻 $\mathbb{E}_\mathbb{Q}[\tau]$ を求めよう．最適停止時刻は，(5.2.9) で与えられているように，株価が閾値 $\check{x}$ 以下となる時刻として求まる．そこで，株価 X_t が幾何ブラウン運動に従うことから，$\mathbb{E}_\mathbb{Q}[\tau]$ は以下のようにして求まる．(5.2.2) より，X_t は，

$$X_t = x\exp\left\{\left(r-\frac{\sigma^2}{2}\right)t + \sigma W_t^Q\right\}$$

となる．ここで，両辺の対数をとり，さらに期待値をとった後，$\mathbb{E}_\mathbb{Q}[W_t]$ について解くと，**任意抽出定理**（optional sampling theorem）[*5)] より

$$0 = \mathbb{E}_\mathbb{Q}[W_\tau] = \frac{1}{\sigma}\left[\mathbb{E}_\mathbb{Q}[\ln(X_\tau)] - \ln(x) - \left(r-\frac{\sigma^2}{2}\right)\mathbb{E}_\mathbb{Q}[\tau]\right] \quad (5.2.22)$$

となる．(5.2.9) より，$X_\tau = \check{x}$ となることに注意して，$\mathbb{E}_\mathbb{Q}[\tau]$ について解くと，期待停止時刻は，

$$\mathbb{E}_\mathbb{Q}[\tau] = \frac{1}{r-\frac{\sigma^2}{2}}\ln\left(\frac{\check{x}}{x}\right) \quad (5.2.23)$$

と求まる．ここで，初期時点で権利行使がされない株価水準 $(x > \check{x})$ のときに，$\tau < 0$ とならないように，次の条件を満たすと仮定する．

$$r - \frac{\sigma^2}{2} < 0 \quad (5.2.24)$$

5.2.2 不可逆的な投資

最適停止問題として定式化される典型的な例は，やり直しのできない（不可逆的な：irreversible）意思決定問題である．より具体的には，撤収不可能な投資や設備拡張の実施などが考えられる．こうした問題は，企業や政策当局が頻繁に直面する問題といえる．以下で詳しく見てみよう．

一度決定してしまったら撤収不可能となるような投資による設備拡充を計画

[*5)] τ_1 と τ_2 $(\tau_1 \leq \tau_2)$ を有界な停止時刻，$\{X_t, t\geq 0\}$ をマルチンゲール過程だとすると，次の関係が成り立つ．

$$\mathbb{E}[X_{\tau_2}|\mathcal{F}_{\tau_1}] = X_{\tau_1}$$

(5.2.22) では，$\tau_1 = 0$，$\tau_2 = \tau$ となっている．

している企業を考える．このような投資に伴う費用は埋没費用（サンクコスト：sunk cost）と呼ばれる．企業は現状の設備の規模から時刻 t で X_t の利潤を得ており，将来の利潤が確率微分方程式

$$\mathrm{d}X_t = \mu X_t \mathrm{d}t + \sigma X_t \mathrm{d}W_t, \qquad X_0 = x \tag{5.2.25}$$

に従っているとしよう．ここで，$\mu\,(>0)$, $\sigma\,(>0)$ は定数である．埋没費用となる投資額を I，設備拡充がなされる時刻を τ とする．この設備拡充により，利潤は $a\,(>1)$ 倍に増える場合を考える．すなわち，利潤関数 $f(X_t)$ は次のように書けるとする．

$$f(X_t) = \begin{cases} X_t, & t < \tau, \\ aX_t, & t \geq \tau \end{cases} \tag{5.2.26}$$

利潤フローの期待割引現在価値として計算される企業価値 J は，

$$J(x;\tau) = \mathbb{E}\left[\int_0^\infty \mathrm{e}^{-rt} f(X_t) \mathrm{d}t - \mathrm{e}^{-r\tau} I\right] \tag{5.2.27}$$

と表される．したがって，企業の問題は，企業価値 J を最大とするために，不可逆的な投資判断とその時刻 τ を決める問題となり，次のように定式化される．

$$\sup_\tau \mathbb{E}\left[\int_0^\infty \mathrm{e}^{-rt} f(X_t) \mathrm{d}t - \mathrm{e}^{-r\tau} I\right] \tag{5.2.28}$$
$$\text{subject to} \quad (5.2.25)$$

企業の問題の価値関数 V は，次のように定式化される．

$$V(x) = \sup_\tau J(x;\tau) = J(x;\tau^*) \tag{5.2.29}$$

ただし，τ^* は最適な投資時刻を表す．また，仮定 3.1 に従って，$r - \mu > 0$ と仮定しておく．

企業の問題に対する変分不等式は，以下のようにして導出される．まず，企業価値 J を

$$\begin{aligned} J(x;\tau) &= \mathbb{E}\left[\int_0^\infty \mathrm{e}^{-rt} f(X_t)\mathrm{d}t - \mathrm{e}^{-r\tau} I\right] \\ &= \mathbb{E}\left[\int_0^\tau \mathrm{e}^{-rt} f(X_t)\mathrm{d}t + \mathrm{e}^{-r\tau}\left(\int_\tau^\infty e^{-r(t-\tau)} f(X_t)\mathrm{d}t - I\right)\right] \\ &= \mathbb{E}\left[\int_0^\tau \mathrm{e}^{-rt} f(X_t)\mathrm{d}t + \mathrm{e}^{-r\tau} g(X_\tau)\right] \end{aligned}$$
$$\tag{5.2.30}$$

5.2 不可逆的な意思決定

と書き直す. ここで, g は設備拡充以降の企業価値を表し, 次のように定義される.

$$g(X_t) = \mathbb{E}\left[\int_t^\infty e^{-r(s-t)} f(X_s) \mathrm{d}s - I\right] \quad (5.2.31)$$

この式に (5.2.26) のうち $t \geq \tau$ となるケースを代入することにより, $g(x)$ は次のようになる.

$$g(x) = \frac{ax}{r-\mu} - I \quad (5.2.32)$$

なお, この計算には, 付録 A.7 の (A.7.6) を用いればよい.

これにより, (5.2.30) は, (4.1.5) と同じ形式となり, 4.1 節の議論がそのまま当てはめられることになる. 微分作用素 $\mathcal{L}$ を,

$$\mathcal{L} \equiv \frac{1}{2}\sigma^2 x^2 \frac{\mathrm{d}^2}{\mathrm{d}x^2} + \mu x \frac{\mathrm{d}}{\mathrm{d}x} - r$$

とすると, 任意の x に対して,

$$\mathcal{L}V(x) + f(x) \leq 0 \quad (5.2.33)$$

なる関係が成り立たなくてはならない. もし, 状態変数 x の状態において, 設備拡充の実施 (最適停止問題としては停止判定) が最適でないならば, (5.2.33) は等号で満たされることになる.

一方, 価値関数 $V(x)$ と終端価値 $g(x)$ との関係は次のようになる.

$$V(x) \geq g(x) \quad (5.2.34)$$

これに対して, もし停止判定が最適なら, (5.2.34) は等号で満たされることになる. したがって, (5.2.33) と (5.2.34) のいずれかが等号で満たされることになり, そのことは相補性条件として次のように記述される.

$$[\mathcal{L}V(x) + f(x)][g(x) - V(x)] = 0 \quad (5.2.35)$$

こうして, (5.2.33)–(5.2.35) が, この問題の変分不等式を構成することとなる. 続行領域 $\mathcal{H}$ は次のように与えられる.

$$\mathcal{H} = \{x; V(x) > g(x)\} \quad (5.2.36)$$

問題の設定から, $V(x)$ は x の増加関数となることが予想される. そこでもし, $V(\bar{x}) = g(\bar{x})$ となるような $\bar{x}$ が一意に存在するなら, その値が最適停止判定の

閾値となり，続行領域は次のように書き換えられる．

$$\mathcal{H} = \{x; x < \bar{x}\} \tag{5.2.37}$$

また，最適停止時刻は次のように記述される．

$$\tau = \inf\{t \geq 0; X_t \geq \bar{x}\} \tag{5.2.38}$$

こうした停止時刻と続行領域の関係から，$x < \bar{x}$ においては (5.2.33) が等式で成り立たなければならず，そのときの $f(x)$ は (5.2.26) のうち，$t < \tau$ のケースが適用されることになる．すなわち，$x < \bar{x}$ において，

$$\mathcal{L}V(x) + x = 0 \tag{5.2.39}$$

となっていなければならない．

そこで次なる関心は，この (5.2.39) をいかにして解くかということに移る．求解の手順は，これまでの章でも行ってきたように，関数形を想定し，そのパラメータを決定するというものである．

まず，(5.2.39) の解として，次のような関数形を想定する．

$$V(x) = A_1 x^{\beta_1} + A_2 x^{\beta_2} + P(x) \tag{5.2.40}$$

ここで，$A_1 x^{\beta_1}$，$A_2 x^{\beta_2}$ の項は同次方程式：

$$\mathcal{L}V(x) = 0$$

に対する基本解であり，$P(x)$ は非同次方程式となっている (5.2.39) の特解である．

$P(x)$ について考えてみよう．特解という仮定により，

$$\mathcal{L}P(x) + x = 0$$

である．もし，この関数 $P(x)$ が2次以上の多項式である場合，$\mathcal{L}P(x)$ も同じく2次以上の多項式になるであろう．これでは上記の方程式を満たし得ない．したがって，$P(x)$ は1次までの式でなければならない．また，もし定数項を持つと，その場合も上記の方程式を満たし得ない．このような推測から，$P(x)$ は次のような形式をしていなければならないといえる．

$$P(x) = \alpha x$$

これを上記の方程式に代入すると，
$$\alpha(\mu - r)x + x = 0$$
となる．これが任意の x について成立するべきことより，$\alpha = (r-\mu)^{-1}$，すなわち，
$$P(x) = \frac{x}{r-\mu} \tag{5.2.41}$$
となる．

(5.2.40) と (5.2.41) を (5.2.39) に代入することにより，β_1 と β_2 の満たすべき特性方程式が次のように導出される．
$$\frac{1}{2}\sigma^2 \beta(\beta-1) + \mu\beta - r = 0 \tag{5.2.42}$$
この解は，次のようになる．
$$\beta_1 = \frac{1}{2} - \frac{\mu}{\sigma^2} + \sqrt{\left(\frac{\mu}{\sigma^2} - \frac{1}{2}\right)^2 + \frac{2r}{\sigma^2}} \tag{5.2.43}$$
$$\beta_2 = \frac{1}{2} - \frac{\mu}{\sigma^2} - \sqrt{\left(\frac{\mu}{\sigma^2} - \frac{1}{2}\right)^2 + \frac{2r}{\sigma^2}} \tag{5.2.44}$$
ここで，$r-\mu > 0$ という仮定から，$\beta_1 > 1$ であることが容易にわかる．一方，$\beta_2 < 0$ である．

$A_2 x^{\beta_2}$ の項について考えてみよう．この項は，上記のように $\beta_2 < 0$ であることから，$A_2 > 0$ である限り，
$$\lim_{x \to 0} A_2 x^{\beta_2} = \infty$$
となってしまう[*6]．ところが，利潤が x に比例するという (5.2.26) の設定より，$V(x)$ は当然
$$\lim_{x \to 0} V(x) = 0 \tag{5.2.45}$$
でなければならない．この境界条件より，$A_2 = 0$ であり，(5.2.40) は次のようになっていなければならないとわかる．
$$V(x) = A_1 x^{\beta_1} + \frac{x}{r-\mu} \tag{5.2.46}$$

[*6] $A_2 < 0$ の場合は，同様に $-\infty$ となる．

以上までの考察で，残された未知定数は，A_1 と $\bar{x}$ ということになる．これらは，続行領域と非続行領域の境界における value-matching 条件：

$$V(\bar{x}) = g(\bar{x}) \tag{5.2.47}$$

と，その接続がなめらかになされる smooth-pasting 条件：

$$V'(\bar{x}) = g'(\bar{x}) \tag{5.2.48}$$

との2つの条件から確定される．

$V(x)$ として (5.2.46)，$g(x)$ として (5.2.32) を，(5.2.47) と (5.2.48) に適用することにより，閾値 $\bar{x}$ と未知定数 A は，それぞれ次のように求められる．

$$\bar{x} = \left(\frac{r-\mu}{a-1}\right)\left(\frac{\beta_1}{\beta_1-1}\right) I \tag{5.2.49}$$

$$A_1 = \frac{1}{\beta_1}\left(\frac{a-1}{r-\mu}\right)^{\beta_1}\left[\left(\frac{\beta_1}{\beta_1-1}\right)I\right]^{1-\beta_1} \tag{5.2.50}$$

ところで，停止時刻以降の企業価値（利潤の期待割引現在価値）は，$g(x)$ として，(5.2.32) のように算定された．これに対して，停止が永遠になされない（設備への投資がなされない）場合には，企業価値は，

$$\mathbb{E}\left[\int_0^\infty e^{-rt} X_t dt\right] = \frac{x}{r-\mu} \tag{5.2.51}$$

と計算される[*7]．容易にわかるように，これは (5.2.46) の第2項に対応している．このことから，(5.2.46) の第1項は，停止（ここでは設備への投資）という選択肢を保持していることに対する追加的な企業価値であると解釈される．このような選択肢はリアルオプション（real options）と呼ばれ，その経済的価値はリアルオプション価値（real option values）と呼ばれる[*8]．

最後に，期待停止時刻 $\mathbb{E}[\tau]$ は，5.2.1 項と同様にして，

$$\mathbb{E}[\tau] = \frac{1}{\mu - \frac{\sigma^2}{2}} \ln\left(\frac{\bar{x}}{x}\right) \tag{5.2.52}$$

と求まる．ここで，次の条件を満たすと仮定する．

$$\mu - \frac{\sigma^2}{2} > 0 \tag{5.2.53}$$

[*7] 付録 A.7 の (A.7.6) を用いれば直ちに導かれる．
[*8] リアルオプションについては，Dixit and Pindyck (1994), 今井 (2004), 木島・中岡・芝田 (2008) などを参照されたい．

5.3 特異制御によるストック管理

4.2 節で,確率制御問題の設定が特殊な場合,HJB 方程式では取り扱えない問題となることを論じた.そのような特殊な設定とは,数学的には HJB 方程式が制御変数 u について一次式になってしまう場合であり,経済的には制御に要する費用(あるいは便益)が「比例費用(便益)」になる場合であるといえる.このような問題は,特異制御問題として定式化される.そして,HJB 方程式に代わる方法として,変分不等式が利用されることになる.本節では,環境や資源の政策問題に見られる特異制御問題を考察する.まずは,単純化された資源ストックの動学を想定して,その利用・採取の問題を考える.次に,再生可能資源の採取政策を特異制御の枠組みで考察する.

5.3.1 ストックに対する閾値設定

資源ストック X_t は毎期一定量の供給を受け,増加を続けるものとする.この一定量の供給を μ と記す.これはバスタブに一定の水を注ぎ続ける様子に例えられる.具体的な資源の例としては,開発途上の油田やガス田などが考えられる.また,再生可能資源の簡略化されたものと考えることもできる.このような資源ストックの変化に,不確実な要因を追加し,動的振る舞いを次のように記述することにする.

$$\mathrm{d}X_t = \mu \mathrm{d}t + \sigma \mathrm{d}W_t, \qquad X_{0-} = x$$

この資源ストックから毎期 $\mathrm{d}\eta_t$ の資源を引き出してキャッシュに変えるとしよう.資源価格を定額の p 円とする.引き出しを考慮した資源ストックの動学は次のように記述される.

$$\mathrm{d}X_t = \mu \mathrm{d}t + \sigma \mathrm{d}W_t - \mathrm{d}\eta_t, \qquad X_{0-} = x \qquad (5.3.1)$$

ここで,$\{\eta_t\}_{t\geq 0}$ は右連続非減少過程であり,$\eta_{0-} = 0$ とする.さらに,可積分性の条件 (4.2.35) を満たすとする.なお,本章を通して,$\{\eta_t\}_{t\geq 0}$ は同じ条件が満たされる.引き出された資源から得られる収入の期待総割引現在価値は,次のように書かれる.

$$J(x;\eta) = \mathbb{E}\left[\int_0^T e^{-rt} p\,d\eta_t\right] \quad (5.3.2)$$

ここで，T は資源ストックの枯渇する時刻を示し，

$$T = \inf\{t > 0; X_t = 0\} \quad (5.3.3)$$

である．

以上の設定のもとで，資源引き出しを行う経済主体の問題は，次のように定式化される．

$$\sup_\eta \mathbb{E}\left[\int_0^T e^{-rt} p\,d\eta_t\right] \quad (5.3.4)$$
$$\text{subject to} \quad (5.3.1)$$

経済主体の問題の価値関数 V は，次のように定式化される．

$$V(x) = \sup_\eta J(x;\eta) = J(x;\eta^*) \quad (5.3.5)$$

ただし，η^* は最適な資源引き出しを表す．

この問題は，最も簡単な特異制御問題となっている．そのため，4.2 節での議論がそのまま適用される．ただし，4.2 節の議論では (5.3.2) に対応する部分がコストとして扱われていたが，ここでは利益として扱われている．このことに注意して，経済主体の問題の満たすべき変分不等式を考えると次のようになる．

$$\mathcal{L}V(x) \leq 0 \quad (5.3.6)$$
$$V'(x) \geq p \quad (5.3.7)$$
$$\mathcal{L}V(x)[p - V'(x)] = 0 \quad (5.3.8)$$

ここで，微分作用素 $\mathcal{L}$ は，

$$\mathcal{L} \equiv \frac{1}{2}\sigma^2 \frac{d^2}{dx^2} + \mu \frac{d}{dx} - r$$

と与えられる．

4.2 節で議論したように，ある閾値 $\bar{x}$ が存在し，続行領域 $\mathcal{H} = \{x; x < \bar{x}\}$ においては

$$\mathcal{L}V(x) = 0 \quad (5.3.9)$$

が成り立つ．この解を，

5.3 特異制御によるストック管理

$$V(x) = A_1 e^{\tilde{\beta}_1 x} + A_2 e^{\tilde{\beta}_2 x} \tag{5.3.10}$$

と予想する．ただし，A_1, A_2 は決定すべき定数を表す．$\tilde{\beta}_1 > 0, \tilde{\beta}_2 < 0$ は，それぞれ特性方程式

$$\frac{1}{2}\sigma^2 \tilde{\beta}^2 + \mu \tilde{\beta} - r = 0 \tag{5.3.11}$$

の解として，

$$\tilde{\beta}_1 = \frac{-\mu + \sqrt{\mu^2 + 2r\sigma^2}}{\sigma^2} \tag{5.3.12}$$

$$\tilde{\beta}_2 = \frac{-\mu - \sqrt{\mu^2 + 2r\sigma^2}}{\sigma^2} \tag{5.3.13}$$

と求まる．

資源ストックがゼロとなると，それ以降資源の増加はストップし，引き出しも行えなくなると考えられる．すなわち，油田などがシャットダウンしてしまうとする．これは次の境界条件を意味する．

$$V(0) = 0 \tag{5.3.14}$$

この境界条件より，$A_1 + A_2 = 0$ となる．$A \equiv A_1$ とおくと，(5.3.10) は，

$$V(x) = A(e^{\tilde{\beta}_1 x} - e^{\tilde{\beta}_2 x}) \tag{5.3.15}$$

と書き直される．

未知定数 A と閾値 $\overline{x}$ は，1階微分の一致（smooth-pasting 条件）と2階微分の一致（これは **super contact 条件**[*9)]とも呼ばれる）によって次のように導かれる．

$$V'(\overline{x}) = p \tag{5.3.16}$$

$$V''(\overline{x}) = 0 \tag{5.3.17}$$

これらより，

$$\overline{x} = \frac{2}{\tilde{\beta}_1 - \tilde{\beta}_2} \ln\left(\frac{\tilde{\beta}_2}{\tilde{\beta}_1}\right) \tag{5.3.18}$$

$$A = \frac{p}{\tilde{\beta}_1 e^{\tilde{\beta}_1 \overline{x}} - \tilde{\beta}_2 e^{\tilde{\beta}_2 \overline{x}}} \tag{5.3.19}$$

となる．

[*9)] Dumas (1991) では super contact 条件について詳細に論じられている．

続行領域の外側，すなわち $x \geq \bar{x}$ においては，資源ストックが $\bar{x}$ になるまで引き出しが行われる．そこでの $V(x)$ は次のように書かれる．

$$V(x) = p(x - \bar{x}) + C \tag{5.3.20}$$

ここで，C は未知定数であるが，次のように定まることになる．

$$C = A(e^{\tilde{\beta}_1 \bar{x}} - e^{\tilde{\beta}_2 \bar{x}}) \tag{5.3.21}$$

以上の問題で，資源ストックを企業のキャッシュリザーブに置き換え，資源の引き出しを配当に置き換えると，この資源利用問題は，株主にとって最適な配当政策を求める問題に置き換わる．配当政策の詳細に関しては，Asmussen and Taksar (1997) などで詳しく議論されている．また，5.4.1 項では，応用例として配当政策を取り上げる．

5.3.2　再生可能資源のストック管理

次に，資源ストックに再生メカニズムが備わっている場合について見ていこう．**再生可能資源**（renewable resource）のストック X_t の動学が，確率微分方程式

$$dX_t = \mu X_t \left(1 - \frac{X_t}{\kappa}\right) dt + \sigma X_t dW_t - d\eta_t, \qquad X_{0-} = x > 0 \tag{5.3.22}$$

に従っているとしよう．ただし，η_t は時刻 t までの再生可能資源の累積採取量を表す．

5.3.1 項と同様に，資源の価格は定数 p とする[10]．このとき，資源採取から得られる収入の期待総割引現在価値 J は，次のように与えられる．

$$J(x; \eta) = \mathbb{E}\left[\int_0^T e^{-rt} p d\eta_t\right] \tag{5.3.23}$$

ここで，T は再生可能資源が絶滅する時刻を表し，

$$T = \inf\{t > 0; X_t = 0\} \tag{5.3.24}$$

である．資源採取者の問題は，次のように記述されることになる．

---

[10] 資源ストックに加えて，資源価格も確率的に振る舞うとして，再生可能資源の収穫問題を考察した研究として Alvarez and Koskela (2007) がある．

5.3 特異制御によるストック管理

$$\sup_{\eta} \mathbb{E}\left[\int_0^T e^{-rt} p \mathrm{d}\eta_t\right] \tag{5.3.25}$$

subject to (5.3.22)

資源採取者の問題の価値関数 V は，次のように定式化される．

$$V(x) = \sup_{\eta} J(x;\eta) = J(x;\eta^*) \tag{5.3.26}$$

ただし，η^* は最適な資源採取を表す．

資源採取者の問題に対する変分不等式は，次のようになる．

$$\mathcal{L}V(x) \leq 0 \tag{5.3.27}$$

$$V'(x) \geq p \tag{5.3.28}$$

$$\mathcal{L}V(x)[p - V'(x)] = 0 \tag{5.3.29}$$

ただし，$\mathcal{L}$ は，

$$\mathcal{L} \equiv \frac{1}{2}\sigma^2 x^2 \frac{\mathrm{d}^2}{\mathrm{d}x^2} + \mu x \left(1 - \frac{x}{\kappa}\right)\frac{\mathrm{d}}{\mathrm{d}x} - r$$

と与えられる微分作用素である．

以下では問題を面白みのないものとしてしまわないように，

$$\mu > r \tag{5.3.30}$$

を仮定する[*11]．

問題の定式化より，資源採取は資源ストックが閾値 $\bar{x}$ に達すると行われるこ

[*11] $\mu \leq r$ である場合，問題は極端に簡単になり，直ちにすべての資源を採取してしまうのが最適という結論になる．それは次のようにしてわかる．
ディンキンの公式を利用すると，

$$\mathbb{E}\left[\int_0^T e^{-rs}\mathrm{d}\eta_s\right] = x - \mathbb{E}\left[e^{-rT}X_T\right] + \mathbb{E}\left[\int_0^T e^{-rs}X_s\left(\mu - r - \frac{\mu}{\kappa}X_s\right)\mathrm{d}s\right]$$

である．もし，$\mu \leq r$ であるなら，この式の右辺第 3 項が負となるので，次の不等式が成立することになる．

$$p\mathbb{E}\left[\int_0^T e^{-rs}\mathrm{d}\eta_s\right] \leq px$$

このことは，資源採取から得られる全収入の現在価値（J）の上限が px であることを意味する．px は現存のストックをすべて採取してしまうときの価値であるといえる．すなわち，現存ストックを直ちに採取し切り，資源を絶滅させてしまうことが最適解ということになる．より詳しい議論は，Alvarez (2000, Lemma 2) を参照されたい．

とになると考えられる．したがって，続行領域（採取が行われない領域）$\mathcal{H}$ は次のように設定される．

$$\mathcal{H} = \{x; x < \overline{x}\} \tag{5.3.31}$$

続行領域においては，(5.3.27) が等号として，次の方程式の形で成り立つことになる．

$$\frac{1}{2}\sigma^2 x^2 V''(x) + \mu x\left(1 - \frac{x}{\kappa}\right)V'(x) - rV(x) = 0 \tag{5.3.32}$$

(5.3.32) は，付録 A.5 のフロベニウス（Frobenius）の方法，あるいは，付録 A.6 の合流型超幾何関数（クンマー（Kummer）関数）を用いた方法で解くことができる．ここでは，フロベニウスの方法を使おう．

付録 A.5 と同様にして，(5.3.30) が満たされていることも考えあわせると，(5.3.32) の一般解は次のようになる．

$$V(x) = A_1 x^{\beta_1} \sum_{n=0}^{\infty} B_n x^n \tag{5.3.33}$$

ここで，$n = 1, 2, \ldots$ に対して，

$$B_n = \frac{(\mu/\kappa)(n + \beta_1 - 1)}{(1/2)\sigma^2(n + \beta_1)(n + \beta_1 - 1) + \mu(n + \beta_1) - r} B_{n-1}, \quad B_0 \neq 0 \tag{5.3.34}$$

$$\beta_1 = \frac{1}{2} - \frac{\mu}{\sigma^2} + \sqrt{\left(\frac{\mu}{\sigma^2} - \frac{1}{2}\right)^2 + \frac{2r}{\sigma^2}} \tag{5.3.35}$$

である．

A_1 は，$V'(\overline{x}) = p$ より，

$$A_1 \sum_{n=0}^{\infty}(n + \beta_1)B_n \overline{x}^{n+\beta_1-1} = p \tag{5.3.36}$$

であるので，これを変形し，

$$A_1 = \frac{p}{\sum_{n=0}^{\infty}(n + \beta_1)B_n \overline{x}^{n+\beta_1-1}} \tag{5.3.37}$$

となる．

これにより，続行領域における価値関数 V は，

$$V(x) = \frac{p \sum_{n=0}^{\infty} B_n x^n}{\sum_{n=0}^{\infty}(n + \beta_1)B_n \overline{x}^{n-1}} \left(\frac{x}{\overline{x}}\right)^{\beta_1} \tag{5.3.38}$$

であり，すべての領域を含めて，$V(x)$ は，次のように記述される．

$$V(x) = \begin{cases} \frac{p\sum_{n=0}^{\infty} B_n x^n}{\sum_{n=0}^{\infty}(n+\beta_1)B_n \overline{x}^{n-1}} \left(\frac{x}{\overline{x}}\right)^{\beta_1}, & x < \overline{x}, \\ p(x-\overline{x}) + C, & x \geq \overline{x} \end{cases} \quad (5.3.39)$$

上記 (5.3.39) に残された未知定数は，閾値 $\overline{x}$ と C である．これらは，閾値における value-matching 条件と 2 階微分の一致（super contract 条件）によって定まることになる（1 階の smooth-pasting 条件は，(5.3.36) としてすでに満たされている）．具体的には，

$$V''(\overline{x}) = 0 \quad (5.3.40)$$

から $\overline{x}$ が定まる．その上で，value-matching 条件である

$$V(\overline{x}) = C \quad (5.3.41)$$

から C が定まることになる．

(5.3.40) の求解は解析的には困難であるので，数値計算によらざるを得ない．しかし，閾値 $\overline{x}$ の大まかな当たりを付けることはできる．以下，それを見てみよう．

(5.3.32) の左辺第 2 項，第 3 項を取り出し，

$$\Psi(x) \equiv \mu x \left(1 - \frac{x}{\kappa}\right) V'(x) - rV(x) \quad (5.3.42)$$

と定義する．(5.3.32) を書き直すと，

$$\frac{1}{2}\sigma^2 x^2 V''(x) + \Psi(x) = 0 \quad (5.3.43)$$

である．

ここで，(5.3.28) から，

$$\begin{cases} V'(x) > p, & x < \overline{x}, \\ V'(\overline{x}) = p, & x = x \end{cases}$$

であるので，$x < \overline{x}$ において $V'(x)$ は減少関数であり，$x = \overline{x}$ で p に至るといえる．これは，$x < \overline{x}$ において $V''(x)$ が負であることを意味する．(5.3.40) をあわせて考えれば，

$$\begin{cases} V''(x) < 0, & x < \overline{x}, \\ V''(\overline{x}) = 0, & x = \overline{x} \end{cases}$$

である.したがって,(5.3.43) より,

$$\begin{cases} \Psi(x) > 0, & x < \overline{x}, \\ \Psi(\overline{x}) = 0, & x = \overline{x} \end{cases}$$

であることがわかる.これは $\Psi(x)$ が $x < \overline{x}$ において減少関数であり,$x = \overline{x}$ で 0 に至ることを意味する.すなわち,

$$\Psi'(\overline{x}) \leq 0$$

である.$\Psi(x)$ の定義 (5.3.42) より,

$$\mu\left(1 - \frac{\overline{x}}{\kappa}\right)V'(\overline{x}) - \frac{\mu\overline{x}}{\kappa}V'(\overline{x}) + \mu\overline{x}\left(1 - \frac{\overline{x}}{\kappa}\right)V''(\overline{x}) - rV'(\overline{x}) \leq 0 \quad (5.3.44)$$

となる.$V'(\overline{x}) = p, V''(\overline{x}) = 0$ を代入し整理すると,

$$\overline{x} \geq \frac{\kappa(\mu - r)}{2\mu} \tag{5.3.45}$$

となる.これは閾値 $\overline{x}$ の下限を示している.

以下,数値計算によって,未知定数 $A, \overline{x}, C$ を求めてみよう.各パラメータの値は,$r = 0.05, \mu = 0.3, \kappa = 10, \sigma = 0.2, p = 1$ とする.連立方程式 $V'(\overline{x}) = p$, (5.3.40), (5.3.41) を数値的に解くと,3 つの未知定数はそれぞれ,$A = 10.2933, \overline{x} = 4.5810, C = 14.8947$ と求まる.また,(5.3.45) で示された閾値 $\overline{x}$ の下限を $\hat{x} \equiv \kappa(\mu - r)/(2\mu)$ とすると,$\hat{x} = 4.1666$ と求まる.

5.4 ストックへのインパルス

4.3 節で,インパルス制御問題の考え方を導入し,4.4 節で,特異制御問題との違いを考察した.一般に,インパルス制御が必要となるのは,制御にかかる費用関数が原点において不連続かつ劣加法的な関数となるケースで,その典型例が固定費用が発生するケースである.その点で,インパルス制御は特異制御の 1 つの変形として捉えることができる.本節では,前節で扱ったモデルを変形し,固定費用を組み込む.特異制御と対比する形で,インパルス制御の実際を見ていくことにする.例として,企業の配当政策と資源ストックの利用・採取の問題を考察する.

5.4.1 企業の配当政策

5.3.1 項では,資源ストックの採取問題を考察したが,本節では企業の配当政策について考察する.状態変数 X_t は,企業のキャッシュリザーブを表し,キャッシュリザーブから配当が支払われるが,配当支払いに際しては,配当額に比例した費用に加え,配当額の多寡にかかわらず定額のコスト(固定費用)がかかる場合を考察する.比例費用としては配当にかかわる税金などが考えられ,固定費用としては,配当支払いの意思決定にかかわる費用が考えられる.このような企業の配当政策の問題を Ohnishi and Tsujimura (2002) に従い見ていこう.

わずかな配当支払い対しても固定費用が発生する場合を考えると,4.3 節で論じたように,制御(つまり,配当支払い)の回数を厳選し,かつ,一度の制御で状態変数を続行領域の内側へ大きく押し戻すような制御が行われることになる.

配当が支払われる時点を τ_i,その時点での配当額 $\zeta_i(>0)$ と表す.キャッシュリザーブの動学は,次のようになる.

$$\begin{cases} \mathrm{d}X_t = \mu \mathrm{d}t + \sigma \mathrm{d}W_t, & \tau_i \leq t < \tau_{i+1} < \infty, \quad i \geq 0, \\ X_{\tau_i} = X_{\tau_i-} - \zeta_i, \\ X_{0-} = x \end{cases} \quad (5.4.1)$$

比例費用係数を $(1-k_1) \in (0,1)$,固定費用を k_0 とすると,各回の配当支払い額は,

$$K(\zeta_i) = k_1 \zeta_i - k_0 \quad (5.4.2)$$

となる.配当の期待総割引現在価値は,次のように書かれる.

$$J(x;v) = \mathbb{E}\left[\sum_{i=0}^{\infty} \mathrm{e}^{-r\tau_i} K(\zeta_i) \mathbf{1}_{\{\tau_i\}}\right] \quad (5.4.3)$$

ただし,v は次のように定義される配当政策である.

$$v \equiv \{(\tau_i, \zeta_i)\}_{i \geq 0} \quad (5.4.4)$$

以上の設定のもとで,配当を支払う企業の問題は,次のように定式化される.

$$\sup_{v} \mathbb{E}\left[\sum_{i=0}^{\infty} \mathrm{e}^{-r\tau_i} K(\zeta_i) \mathbf{1}_{\{\tau_i\}}\right] \quad (5.4.5)$$

$$\text{subject to} \quad (5.4.1)$$

企業の問題の価値関数 V は,次のように定まる.

$$V(x) = \sup_{v} J(x;v) = J(x;v^*) \tag{5.4.6}$$

ただし,v^* は最適配当政策である.

4.3 節の議論に基づけば,企業の問題はインパルス制御問題として定式化されており,問題に対する最適性の条件は準変分不等式として記述されることになる.それらは,次のように書かれる.

$$\mathcal{L}V(x) \leq 0 \tag{5.4.7}$$

$$V(x) \geq \mathcal{M}V(x) \tag{5.4.8}$$

$$\mathcal{L}V(x)[\mathcal{M}V(x) - V(x)] = 0 \tag{5.4.9}$$

ただし,微分作用素 $\mathcal{L}$ は,

$$\mathcal{L} \equiv \frac{1}{2}\sigma^2 \frac{\mathrm{d}^2}{\mathrm{d}x^2} + \mu \frac{\mathrm{d}}{\mathrm{d}x} - r$$

と定義される.また,制御作用素 $\mathcal{M}$ は,

$$\mathcal{M}V(x) \equiv \sup_{\zeta}[K(\zeta) + V(x-\zeta)] \tag{5.4.10}$$

と与えられる.4.3 節の説明にあるように,制御作用素 $\mathcal{M}$ は,今すぐ制御を実施するときの最適な規模を求める作用素である.ここでは,今すぐ配当を支払う場合の配当額を決める作用素となる.

このようなインパルス制御の問題においては,特異制御の場合と同じく,状態変数がある特定の閾値に達するまで制御は行われず,閾値に達した時点で制御が発動される.特異制御と異なる点は,制御の頻度を有限回に限るために,状態変数を続行領域の内部に大きく押し戻すことである.制御が発動される状態変数の水準を $\bar{x}$,制御によって移動させられる状態変数の位置を x° とする.配当総額を最大化するという問題の性質から容易にわかるように,

$$\bar{x} > x^\circ$$

である.したがって,1 回の配当支払い額は,

$$\zeta^* \equiv \bar{x} - x^\circ \tag{5.4.11}$$

となる.

　こうして，最適な配当政策を求める問題は，2つの閾値 $\overline{x}$, x° を求める問題に置き換えられることになる．以下，具体的に求めてみよう．

　配当が支払われない状態 $x < \overline{x}$ では，(5.4.7) が次のような等式として成り立つ．
$$\mathcal{L}V(x) = 0 \tag{5.4.12}$$

この等式の解は，5.3.1 項と全く同様にして，次のように求められる．
$$V(x) = A(e^{\tilde{\beta}_1 x} - e^{\tilde{\beta}_2 x}) \tag{5.4.13}$$

2つの閾値と A で，合計3つの未知定数があることになる．これらは value-matching 条件と smooth-pasting 条件から，以下のように決定される．

　まず，(5.4.8) が $x = \overline{x}$ において等式で成立することから，
$$V(\overline{x}) = K(\zeta^*) + V(\overline{x} - \zeta^*) \tag{5.4.14}$$
である．これは，(5.4.2) と (5.4.11) を考えれば，
$$V(\overline{x}) = k_1(\overline{x} - x^\circ) - k_0 + V(x^\circ) \tag{5.4.15}$$
となる．これが value-matching 条件である．

　また，(5.4.8) が $x = \overline{x}$ において，左辺と右辺が連続的に接続することから，
$$V'(\overline{x}) = k_1 \tag{5.4.16}$$
である．これは $x = \overline{x}$ における smooth-pasting 条件である．

　最後に，(5.4.8) の右辺についての最適性から，
$$K'(\zeta^*) - V'(x - \zeta^*) = 0$$
であるが，これが $x = x^\circ$ において成立すること，また，(5.4.11) であることから，
$$V'(x^\circ) = k_1 \tag{5.4.17}$$
である．

　以上の連立方程式を解くことにより，A, $\overline{x}$, x° が定まる．実際のところは，解析的な解を求めることはできないため，数値計算によることになる．各パラメータの値を，$r = 0.05$, $\mu = 0.04$, $\sigma = 0.2$, $k = 0.7$, $c = 0.05$ であるとして数値計算を実施すると，未知定数は，$A^* = 0.6050$, $b^* = 1.0499$, $\beta^* = 0.3125$ と求まり，最適配当額は $\zeta_i^* = 0.7374$ と求まる．

5.4.2 固定費用を伴う再生可能資源採取

本項では,5.3.2 項の問題に固定費用を導入する.固定費用の存在により,インパルス制御が必要となる[*12)].

資源採取の実施時刻とその規模から成るインパルス制御を,

$$v \equiv \{(\tau_i, \zeta_i)\}_{i \geq 0}$$

と書こう.再生可能資源ストック X_t の,動学は次のように表される.

$$\begin{cases} \mathrm{d}X_t = \mu X_t \left(1 - \frac{X_t}{\kappa}\right) \mathrm{d}t + \sigma X_t \mathrm{d}W_t, & \tau_{i-1} \leq t < \tau_i < T, \\ X_{\tau_i} = X_{\tau_i-} - \zeta_i, \\ X_0 = x > 0 \end{cases} \tag{5.4.18}$$

資源採取から得られる収入 $K(\zeta)$ を,次のように想定する.

$$K(\zeta) = p\zeta - k_0 \tag{5.4.19}$$

p は資源価格を,$k_0 > 0$ は固定費用を表す.

将来の資源採取から得られる総収入の現在価値は,

$$J(x; v) = \mathbb{E}\left[\sum_{i=1}^{\infty} \mathrm{e}^{-r\tau_i} K(\zeta_{\tau_i}) \mathbf{1}_{\{t<T\}}\right] \tag{5.4.20}$$

と与えられる.その現在価値を最大とする資源採取者の問題は,次のように記述されることになる.

$$\sup_v \mathbb{E}\left[\sum_{i=1}^{\infty} \mathrm{e}^{-r\tau_i} K(\zeta_{\tau_i}) \mathbf{1}_{\{t<T\}}\right] \tag{5.4.21}$$

$$\text{subject to} \quad (5.4.18)$$

資源採取者の問題の価値関数 V は,次のように定式化される.

$$V(x) = \sup_v J(x; v) = J(x; v^*) \tag{5.4.22}$$

ただし,v^* は最適な資源採取政策である.

資源採取者の問題の準変分不等式は,以下のようになる.

$$\mathcal{L}V(x) \leq 0 \tag{5.4.23}$$

[*12)] 森林資源の管理について同様の定式化と分析を行ったものに Willassen (1998) がある.

5.4 ストックへのインパルス

$$V(x) \geq \mathcal{M}V(x) \qquad (5.4.24)$$

$$\mathcal{L}V(x)[\mathcal{M}V(x) - V(x)] = 0 \qquad (5.4.25)$$

ここで，作用素 $\mathcal{L}$ は，

$$\mathcal{L} \equiv \frac{1}{2}\sigma^2 x^2 \frac{\mathrm{d}^2}{\mathrm{d}x^2} + \mu x \left(1 - \frac{x}{\kappa}\right)\frac{\mathrm{d}}{\mathrm{d}x} - r$$

と定義される．また，制御作用素 $\mathcal{M}$ は，

$$\mathcal{M}V(x) \equiv \sup_{\zeta}\{V(x-\zeta) + (p\zeta - k_0)\} \qquad (5.4.26)$$

と与えられる．なお，制御作用素 $\mathcal{M}$ は，今すぐ資源採取をする場合の資源採取量を決める作用素となる．

これまでの議論と同様にして考えれば，続行領域

$$\mathcal{H} = \{x; x < \overline{x}\} \qquad (5.4.27)$$

を定める閾値 $\overline{x}$ と，制御後の状態変数の水準を定める閾値 x° が存在することが予想される．

続行領域においては，(5.4.23) は等式で成立し，次のようになる．

$$\frac{1}{2}\sigma^2 x^2 V''(x) + \mu x \left(1 - \frac{x}{\kappa}\right)V'(x) - rV(x) = 0 \qquad (5.4.28)$$

$x = \overline{x}$ における value-matching 条件は，

$$V(\overline{x}) = \left[p(\overline{x} - x^\circ) - k_0\right] + V(x^\circ) \qquad (5.4.29)$$

となる．また，$x = \overline{x}$ における smooth-pasting 条件は，

$$V'(\overline{x}) = p \qquad (5.4.30)$$

さらに，$x = x^\circ$ における 1 階微分の条件は，

$$V'(x^\circ) = p \qquad (5.4.31)$$

となる．

(5.4.28) は，5.3.2 項で扱った (5.3.32) と同一である．付録 A.5 のフロベニウスの方法，あるいは，付録 A.6 の合流型超幾何関数（クンマー関数）を用いた方法で解くことができる．ここでは，合流型超幾何関数を用いた方法で考えることにしよう．価値関数は次の形式をしていることになる．

5. 確率制御の応用

$$V(x) = Ax^{\beta_1} F\left(\beta_1, \gamma; \frac{2\mu}{\sigma^2 \kappa} x\right) \qquad (5.4.32)$$

ただし，

$$\beta_1 = \frac{1}{2} - \frac{\mu}{\sigma^2} + \sqrt{\left(\frac{\mu}{\sigma^2} - \frac{1}{2}\right)^2 + \frac{2r}{\sigma^2}} \qquad (5.4.33)$$

$$\gamma = 2(\beta_1 + \mu/\sigma^2) = 1 + 2\sqrt{\left(\frac{\mu}{\sigma^2} - \frac{1}{2}\right)^2 + \frac{2r}{\sigma^2}} \qquad (5.4.34)$$

である．また，F は，(A.6.10) で定義される合流型超幾何関数である．未知定数 $A, \bar{x}, x^\circ$ は，条件式 (5.4.29) – (5.4.31) を用いて求まる．

数値計算によって，$A, \bar{x}, x^\circ$ を求めよう．各パラメータの値は，$r = 0.05$，$\mu = 0.3, \kappa = 10, \sigma = 0.2, \alpha = 0.1, p = 1, k_0 = 0.1$ とする．連立方程式 (5.4.29) – (5.4.31) を数値的に解くと，3つの未知定数はそれぞれ，$A = 9.7324$，$\bar{x} = 6.0187, x^\circ = 3.2905$ と求まる．

最後に，インパルス制御のその他の問題への応用について参考文献を挙げておこう．配当政策に関する他の文献として，Cadenillas et al. (2006) を，投資プロジェクトの評価への応用については，たとえば，Vollert (2003) を，中央銀行の為替介入に関する応用については，Cadenillas and Zapatero (1999, 2000) を参照されたい．

本章のまとめ

確率制御問題の応用例を以下のように示した．
- 絶対連続制御問題の例として，枯渇性資源の採取問題と環境負荷物質の排出管理問題を示した．
- 最適停止問題の例として，アメリカン・プット・オプションの価値評価問題と企業のプロジェクトへの投資問題を示した．
- 特異確率制御問題の例として，資源の採取問題と再生可能資源の利用問題を示した．
- インパルス制御問題として，配当政策と再生可能資源の利用問題を示した．
- 特異確率制御問題に対して，固定コストを考慮することで，インパルス制御問題

へと問題の定式化が変わる．

章　末　問　題

(1) 効用関数 (5.1.8) を対数関数
$$U(C_t) = \ln C_t$$
に代えて，5.1.1 項の問題を解きなさい．

(2) 5.1.1 項の問題は，資源ストックのダイナミックス (5.1.2) を，
$$dS_t = -C_t dt + \sigma dW_t, \quad S_0 = x$$
と変更すると，解析的な求解が困難になる．その理由を考察しなさい．

(3) 5.2.2 項の問題で，投資額 I が定数ではなく，投資時点 τ 直前での利潤 X_τ の指数関数である場合を考える．すなわち
$$I = cX_\tau^\eta$$
となっているものとする．ただし，$c > 0$, $\eta < 1$ とする．このときの解を導出しなさい．

(4) 前問の設定で，$\eta \geq 1$ では解が存在し得ないことになる．その理由を数学的側面とその経済学的意味合いの両面から考察しなさい．

(5) 5.3.1 項における (5.3.1) を次のように変えて問題を解きなさい．
$$dX_t = \mu X_t dt + \sigma X_t dW_t - d\eta_t, \quad X_{0-} = x$$

(6) 5.4 節の問題は，固定費用 k_0 をゼロに近づけたとき，それぞれ 5.3 節の問題に帰着される．このことをそれぞれの設定で確かめなさい．

A

付　　録

　本付録では，まず，意思決定者の代表的な目的の 1 つである効用最大化について説明する．次いで，金融資産の価値評価の標準的な手法であるリスク中立評価方法について説明する．その後，本書で頻出する微積分の解法，特に微分方程式の解法について，簡単にまとめておく[*1)]．最も基本となる微分方程式は定数係数 2 階線形微分方程式とオイラーの微分方程式である．両者は互いに変換可能である．より高度なものとしては，変数係数 2 階線形微分方程式，さらにその一種として合流型超幾何微分方程式などが挙げられる．また，確率過程のもとでの割引現在価値の積分計算についてもまとめておく．

A.1　割引効用の考え方

　第 1 章で割引効用のモデルを導入した．これは経済学では標準的なモデルであるが，経済学に馴染みのない読者のために，本節ではもう少し詳しく説明しておきたい．

　割引効用の考え方は，時点ごとの消費 C_t に対して満足度 $u(C_t)$ を考え，さらにそれを現在価値換算して総和をとるというものである．具体的には，次のようなモデルである．

$$\int_0^T e^{-rt} u(C_t) dt$$

ここで，r は割引率（discount rate）あるいは時間選好率（rate of time pref-

[*1)] ここでは山本 (1985), 佐野 (1993), 西本 (1998), 河村 (2003), Wilson (2008) などを参考にしている．

erence）と呼ばれる係数であり，u は効用関数（utility function）である．この形式は連続時間で考えた場合のものであるが，離散時間では次のようなモデルとして考えられる．

$$\sum_{t=0}^{T} \frac{1}{(1+r)^t} u(C_t) \tag{A.1.1}$$

連続時間系で e^{-rt} の部分が離散時間系では $\frac{1}{(1+r)^t}$ という形に置き換わることになる．これは，$e^r \simeq 1+r$ なる近似が成り立つことに由来している．以下では (A.1.1) の離散時間モデルを中心に議論を進めたい．

まず議論の入り口として，ある財（これを財 1 とする）の消費について，経済主体の選好（好み）を考えてみよう．仮定として，経済主体はすべての財について，その消費量が多ければ多いほど良いと考え，また飽きることがないものとする．このとき，「財 1 を x 個消費すること」と「財 1 を y 個消費すること」のどちらが望ましいかとある経済主体に問うたとしたら，その答えはどのようになるであろうか．それは容易にわかる通り，$x > y$ なら前者が望ましく，逆なら後者が望ましいとなる．このような比較は，財が一種類しかないからこそできることである．

そこで，財が 2 種類存在するものとしよう．財 1 と財 2 として，それぞれの財の消費量の組合せを (x_1, x_2) と書くことにする．これは，2 次元平面上の点であると考えることもできる．いま，特定の 2 つの点，すなわち点 $A : (x_1^A, x_2^A)$ および点 $B : (x_1^B, x_2^B)$ に対する選好比較を行うことを考える．前述の仮定に基づけば，次のような場合は，容易に点 A が望ましいといえる．

$$x_1^A > x_1^B \quad かつ \quad x_2^A > x_2^B$$

また，逆に，

$$x_1^A < x_1^B \quad かつ \quad x_2^A < x_2^B$$

であれば，容易に点 B が望ましいといえる．問題は，次のような場合である．

$$x_1^A > x_1^B \quad かつ \quad x_2^A < x_2^B$$
$$x_1^A < x_1^B \quad かつ \quad x_2^A > x_2^B$$

このような場合は，点 A と点 B のどちらが望ましいか一概に判定できなくなってしまう．

こうした一対比較を可能にするためには，関数を定義して，消費の組合せ（点）を 1 次元の実数に変換することを考えればよい．具体的には，次のような関数を定義する．
$$U(x_1, x_2) \in \mathbb{R}$$
点 A と点 B の好ましさの比較は，この関数の数値の大小関係で考えればよいことになる．すなわち，
$$U(x_1^A, x_2^A) > U(x_1^B, x_2^B)$$
なら，点 A が望ましいといえ，符号が逆なら点 B といえる．

このような考え方は，財がより一般的に N 種類存在するような場合でも同様に利用できる．すなわち，財の組合せを $(x_1, x_2, \ldots, x_N)$ と書き，それに対応される形で，関数 $U(x_1, x_2, \ldots, x_N)$ を定義し選好関係の判定に用いるのである．このような関数を「効用関数」と呼ぶ[*2]．

そこで論点となるのは，具体的にどのような関数形を考えるべきか，である．1 つの考え方は，各点の原点からの距離を考えることであろう．N 次元の場合は，次のような原点からの距離が考えられよう．
$$U(x_1, x_2, \ldots, x_N) \equiv (x_1^2 + x_2^2 + \cdots + x_N^2)^{1/2}$$
これはユークリッド幾何学での「距離」であるが，より一般的に距離を測る尺度は，次のように書かれる．
$$U(x_1, x_2, \ldots, x_N) \equiv (x_1^p + x_2^p + \cdots + x_N^p)^{1/p} \tag{A.1.2}$$
これは解析学では L_p ノルムと呼ばれる一般的な「距離」の定義である．

以上のような「距離」の難点は，N 種類ある財がすべて同等（対称）に扱われていることである．そこで，それぞれの財に対して重み付けを変えることにして，(A.1.2) を次のように書き直すことにする．
$$U(x_1, x_2, \ldots, x_N) \equiv (\phi_1 x_1^p + \phi_2 x_2^p + \cdots + \phi_N x_N^p)^{1/p} \tag{A.1.3}$$
この形式は，経済学では **CES 関数**（constant elasticity of substitution）と呼

[*2] 意思決定者の選好と効用関数については，たとえば，奥野 (2008) を参照されたい．

ばれている[*3]. 通常 $p \leq 1$ と仮定される.

効用関数はその大小だけが重要であり，具体的な数値は重要ではない．具体的には，(A.1.3) を p 乗したものを効用関数として用いても大小関係の判定は同じとなる．そこで，(A.1.3) に代えて，次のものを考えてもよい．

$$U(x_1, x_2, \ldots, x_N) \equiv \phi_1 x_1^p + \phi_2 x_2^p + \cdots + \phi_N x_N^p \tag{A.1.4}$$

これはさらに，次のように書き直すこともできる．

$$U(x_1, x_2, \ldots, x_N) \equiv \phi_1 u(x_1) + \phi_2 u(x_2) + \cdots + \phi_N u(x_N) \tag{A.1.5}$$

ただし，

$$u(x) \equiv x^p \tag{A.1.6}$$

である．(A.1.6) の部分は，次の形式に書き直すことが多い．

$$u(x) \equiv \frac{1}{1-\theta} x^{1-\theta} \tag{A.1.7}$$

このようにしておくと，微分をしたときに

$$u'(x) = x^{-\theta}$$

となってきれいになるからである．さらには，

$$u(x) \equiv \frac{x^{1-\theta} - 1}{1-\theta} \tag{A.1.8}$$

と書くこともある．ここで分子に「-1」が付いているのは，$\theta \to 1$ としたときに，

$$\lim_{\theta \to 1} \frac{x^{1-\theta} - 1}{1-\theta} = \ln x$$

[*3] 通常 CES 関数という場合，次のような 2 変数の場合を指し，3 変数以上にはこの名称は使わない．

$$f(x_1, x_2) \equiv (\phi x_1^p + (1-\phi) x_2^p)^{1/p}$$

しかし，これを「合成財」z として（すなわち $z = f(x_1, x_2)$)，別の CES 関数

$$g(z, x_3) \equiv (\varphi z^p + (1-\varphi) x_3^p)^{1/p}$$

を考えれば，

$$g(z, x_3) = (\varphi \phi x_1^p + \varphi(1-\phi) x_2^p + (1-\varphi) x_3^p)^{1/p}$$

となり，3 変数に対しても同様の形式が導かれる．このように 2 変数の CES 関数を入れ子にして積み上げていくことにより，いくらでも変数の数を増やすことができるのである．

となるからである．これにより，(A.1.6) の特殊なケースとして，次のものを考えてもよいこととなる．
$$u(x) \equiv \ln x \tag{A.1.9}$$

$u(x)$ を以上に挙げた形式に代えて別の関数を考えることもでき，そうした場合は CES 関数ではなくなってしまうが，それでも特に間違っているというわけではない．上記の関数形は1つの考え方であって，それ以外の関数形を否定するものではないことに注意が必要である．しかし，一方であまり突飛な関数形も受け入れがたい．どのようなものが可能で，どのようなものがあり得ないかは，より高度な経済理論に関連してくるので，ここでは割愛する．

さて，以上の議論では，時間という概念がない世界で，N 種類の財が存在する場合を想定したものであった．時間軸が入ってくる場合はどのように考えたらよいであろうか．簡略化のため，再び1種類の財しかない場合を考えよう．時点を t と表し，$t = 0, 1, \ldots, T$ なる $T+1$ 個の時点が存在するとしよう．時点 t でのこの財の消費を C_t と書くことにする．これは，$T+1$ 次元平面のなかの点 $(C_0, C_1, \ldots, C_T)$ として考えることができる．

そこで，任意の2つの点に対する選好の比較は，上記 N 種類の財の場合と全く同様にして，次のような効用関数を導入すればよいということがわかる．
$$U(C_0, C_1, \ldots, C_T) \in \mathbb{R}$$

N 種類の財の場合の議論を当てはめて，次のような関数形を考えることが一案である．
$$U(C_0, C_1, \ldots, C_T) \equiv \phi_0 u(C_0) + \phi_1 u(C_1) + \cdots + \phi_T u(C_T) \tag{A.1.10}$$

ここで，u は (A.1.7)，(A.1.8) または (A.1.9) で与えられる．

$u(C_t)$ はそれぞれの時点での消費 C_t に対する効用を表し，「瞬時効用」と呼ばれる．(A.1.10) は，時点ごとの瞬時効用に重み付けの係数をかけて総和をとったものが，全期間にわたる効用であることを示している．そこで，最後の論点は，重み付けの係数 $\{\phi_t\}_{t=0,1,\ldots,T}$ をどのように設定したらよいかという点である．

これに対する1つの考え方は，重み付けを時間 t に関する指数関数とすることである．具体的には，次のように設定するものである．

$$\phi_t \equiv \delta^t, \qquad 0 < \delta < 1 \tag{A.1.11}$$

これは一見すると指数関数にはなっていないが，$\delta \equiv e^a$ と書き直せば明示的に指数関数であることがわかる．

$\delta < 1$ となっていることから，常に，$\phi_t > \phi_{t+1}$ であることがわかる．これは，遠い将来になればなるほど，現在に比して，その時点の瞬時効用を低く評価する（割り引く）ことを意味している．このような効用のモデルは「割引効用モデル（discount utility model）」と呼ばれる．δ を割引係数と呼び，$\delta \equiv \frac{1}{1+r}$ と定義された $r\,(>0)$ を割引率，あるいは，時間選好率と呼ぶ．この割引率を使った表記がまさに (A.1.1) である．

ここで再び注意であるが，(A.1.11) はあくまでも 1 つの考え方である．将来の瞬時効用を低く見積もるのであれば，なにもこのような指数関数でなければならない必然性はない．1 つの対案は，次のようなものであろう．

$$\phi_t \equiv \frac{1}{1 + \alpha t} \tag{A.1.12}$$

さらに，より一般的に次のようなものも考えられる．

$$\phi_t \equiv \frac{1}{(1 + \alpha t)^{\gamma/\alpha}} \tag{A.1.13}$$

ここで α, γ はパラメータとなる定数である．

(A.1.11) が指数割引と呼ばれるのに対して，(A.1.12) ないし (A.1.13) は双曲割引と呼ばれる．なお，上記のように「割引効用モデル」というときには，通常は，指数割引を用いることを意図し，双曲割引を用いたものは「割引効用モデル」とはいわない．

双曲割引も 1 つの考え方であると述べたが，実は標準的な経済理論では指数割引（割引効用モデル）のみを採用し，双曲割引は採用しない．その理由を議論するにはより高度な経済理論に対する知識が必要となるため，ここではこれ以上掘り下げないことにする．ただ，双曲割引は標準的な経済理論に対する挑戦として，多くの研究例があるといえよう．

A.2　リスク中立と測度変換

本節では，「リスク中立（risk-neutral）」の考え方と測度変換について簡単に

まとめておく．

危険資産と安全資産がそれぞれ一種類のみ存在する取引市場を考える（より一般的には危険資産は複数個（N 個）を想定するが，ここでは説明の簡略化のため，1 種類とする）．それぞれの資産の価格を S, B とする．これらは次の確率過程に従うものとする．

$$\mathrm{d}S_t = \mu(t, S_t)\mathrm{d}t + \sigma(t, S_t)\mathrm{d}W_t \tag{A.2.1}$$

$$\mathrm{d}B_t = rB_t\mathrm{d}t \tag{A.2.2}$$

ここで，$\mu(t, S_t)$ と $\sigma(t, S_t)$ は t と S の関数である．幾何ブラウン運動の場合は，

$$\mu(t, S_t) = \bar{\mu}S_t, \quad \sigma(t, S_t) = \bar{\sigma}S_t$$

と書けることになる．また，r は安全資産の収益率で定数である．以下では，表記の簡略化のため，$\mu(t, S_t)$ と $\sigma(t, S_t)$ の (t, S_t) は省略し，単に μ_t, σ_t と表記する．

さて，資産価格 S の現在価値を表す価格として，$\hat{S} = S/B$ を定義する．この価格に対する確率過程は次のようになる．

$$\mathrm{d}\hat{S}_t = \left(\frac{\mu_t}{B_t} - r\hat{S}_t\right)\mathrm{d}t + \frac{\sigma_t}{B_t}\mathrm{d}W_t \tag{A.2.3}$$

このことは，$B\hat{S} \equiv S$ より，

$$B_t \cdot \mathrm{d}\hat{S}_t + \mathrm{d}B_t \cdot \hat{S}_t \equiv \mathrm{d}S_t$$

として，

$$B_t \cdot \mathrm{d}\hat{S}_t + \mathrm{d}B_t \cdot \hat{S}_t \equiv \mu_t\mathrm{d}t + \sigma_t\mathrm{d}W_t$$

となることから確かめられる．

(A.2.3) に現れるブラウン運動 W_t に対して，次のような新たなブラウン運動 W_t^Q を定義する．

$$\mathrm{d}W_t^Q = \mathrm{d}W_t + \eta_t^Q\mathrm{d}t \tag{A.2.4}$$

このように η_t^Q を使って，1 つのブラウン運動を別のブラウン運動へと変換することができることは，ギルザノフ（Girsanov）の定理として知られている．(A.2.4) を用いると，(A.2.3) は次のように書き直される．

$$\mathrm{d}\hat{S}_t = \left(\frac{\mu_t}{B_t} - r\hat{S}_t - \frac{\sigma_t}{B_t}\eta_t^Q\right)\mathrm{d}t + \frac{\sigma_t}{B_t}\mathrm{d}W_t^Q \tag{A.2.3'}$$

ここで，さらに，
$$\frac{\mu_t}{B_t} - r\hat{S}_t - \frac{\sigma_t}{B_t}\eta_t^Q = 0$$
となるような η_t^Q，すなわち，
$$\eta_t^Q = \frac{\mu_t}{\sigma_t} - \frac{rB_t\hat{S}_t}{\sigma_t} \qquad (A.2.5)$$
を考えると，(A.2.3) は次のように書き直される．
$$d\hat{S}_t = \frac{\sigma_t}{B_t}dW_t^Q \qquad (A.2.6)$$
この式は，
$$\hat{S}_t = \hat{S}_0 + \int_0^t \frac{\sigma_s}{B_s}dW_s^Q$$
と書けることから，
$$\mathbb{E}_{\mathbb{Q}}[\hat{S}_t] = \hat{S}_0 + \mathbb{E}_{\mathbb{Q}}\left[\int_0^t \frac{\sigma_s}{B_s}dW_s^Q\right] = S_0$$
となる．ただし，$\mathbb{E}_{\mathbb{Q}}[\cdot]$ は，ブラウン運動 W_t^Q で表される確率 $\mathbb{Q}$ のもとでの期待値をとるものである．このことは，$\hat{S} \equiv S/B$ がブラウン運動 W_t^Q で表される確率 $\mathbb{Q}$ のもとでマルチンゲールとなることを意味する．

また，この危険資産と安全資産を組み合わせて生成したポートフォリオは，
$$V_t = \theta_t S_t + \varphi_t B_t$$
と書け，その現在価値は，
$$\hat{V}_t = \theta_t \hat{S}_t + \varphi_t$$
となる．その確率過程は次のようになる．
$$d\hat{V}_t = \theta_t d\hat{S}_t$$
これより，
$$\hat{V}_t = \hat{V}_0 + \int_0^t \theta_s d\hat{S}_s \qquad (A.2.7)$$
となり，期待値をとると，
$$\mathbb{E}_{\mathbb{Q}}[\hat{V}_t] = \hat{V}_0 \qquad (A.2.8)$$
となる．これは，いかなるポートフォリオも，その現在価値は確率 $\mathbb{Q}$ のもとで

マルチンゲールになることを意味する．このことはさらに，この市場にはいかなる裁定取引機会（arbitrage opportunity）も存在し得ないこと（無裁定（no arbitrage））を意味する．ここで裁定取引機会とは，(A.2.7) において，

$$\hat{V}_t > \hat{V}_0 \quad \text{a.s.}$$

となるようなポートフォリオ (θ, φ) が存在することを指す[*4]．このような場合，資金を V_0 円借りてポートフォリオを組み，一定期間運用し，時点 t で $V_t \equiv B_t \hat{V}_t$ を売り抜き，借りた資金を返すことにより，確実にプラスの利益を確保することができることになる．(A.2.8) はそのような可能性を否定するのである．

危険資産の派生商品（デリバティブ）についても，確率 $\mathbb{Q}$ は重要な意味を持つ．デリバティブは，その名の通り，危険資産から派生したものであるので，その価格は危険資産の価格に連動する．そのため，デリバティブの評価価格は，危険資産と安全資産によるなんらかのポートフォリオによって複製することができるはずである．このことから，その現在価値は確率 $\mathbb{Q}$ のもとでマルチンゲールになることが確かめられる．

この (A.2.4) と (A.2.5) で定義されるブラウン運動 W_t^Q を (A.2.1) に代入してみると，次のようになる．

$$dS_t = \mu_t dt + \sigma_t \left(dW_t^Q - \left(\frac{\mu_t}{\sigma_t} - \frac{rB_t \hat{S}_t}{\sigma_t} \right) dt \right)$$

整理すると，

$$dS_t = rS_t dt + \sigma_t dW_t^Q \qquad (A.2.9)$$

となり，期待上昇率は，

$$\frac{\mathbb{E}_\mathbb{Q}[dS_t]}{S_t} = r dt$$

となり，安全資産の上昇率と同じになることがわかる．このことから，確率 $\mathbb{Q}$ をリスク中立確率（risk neutral probability）と呼ぶ．また，ここにいう確率とは，より正確には**確率測度**（probability measure）という．

一般に，1つの確率測度から他の確率測度への変換を **(確率) 測度変換**（measure change）と呼ぶ．以上のようなブラウン運動で表される確率（これを $\mathbb{P}$ と呼

[*4] a.s. は "almost surely" を表し，確率 1 で，$\hat{V}_t > \hat{V}_0$ が成り立つことをいう．

A.2 リスク中立と測度変換

ぶ）からリスク中立確率 $\mathbb{Q}$ への測度変換は，あらゆる資産の価値をリスク中立的なものに書き直すのである．こうしたことから，変換後の体系（(A.2.9) および (A.2.2)）を簡略的に「リスク中立世界（risk-neutral world）」と呼ぶ．

なお，このような「リスク中立世界」を考えると，派生商品（デリバティブ）のプライシングも極めて簡潔になる．例としてオプションプライシングを考えてみよう．

なんらかのオプションの価格を $C(t, S_t)$ と書く．S は「実世界」では，

$$dS_t = \bar{\mu} S_t dt + \bar{\sigma} S_t dW_t \tag{A.2.1'}$$

に従うが，「リスク中立世界」では

$$dS_t = r S_t dt + \bar{\sigma} S_t dW_t^Q \tag{A.2.9'}$$

に従っている．伊藤の補題より，$C(t, S_t)$ の従うべき確率過程は次のようになる．

$$dC = \left(\frac{\partial C}{\partial t} + \frac{\partial C}{\partial S} r S_t + \frac{1}{2} \frac{\partial^2 C}{\partial S^2} \bar{\sigma}^2 S_t^2 \right) dt + \frac{\partial C}{\partial S} \bar{\sigma} S_t dW_t^Q$$

これがリスク中立的であるためには，ドリフト項が上昇率 r を示さないといけない．すなわち，

$$\frac{\partial C}{\partial t} + \frac{\partial C}{\partial S} r S_t + \frac{1}{2} \frac{\partial^2 C}{\partial S^2} \bar{\sigma}^2 S_t^2 = rC$$

とならなければならない．これこそが，ブラック・ショールズ方程式（Black–Scholes equation）である．また，偏微分作用素を

$$\mathcal{L} \equiv \frac{\partial}{\partial t} + r S_t \frac{\partial}{\partial S} + \frac{1}{2} \bar{\sigma}^2 S_t^2 \frac{\partial^2}{\partial S^2} - r$$

と定義すれば，ブラック・ショールズ方程式は，

$$\mathcal{L} C(t, S_t) = 0$$

と簡潔に書けることがわかる．

また，リスク中立世界では，あらゆる資産価格の現在価値はマルチンゲールに従うことから，行使価格 K，満期 T のヨーロピアン・コール・オプション（European call option）の価格は，次のように簡潔に書くことができる．

$$C(t, S_t) = e^{-r(T-t)} \mathbb{E}_{\mathbb{Q}}[\max[S_T - K, 0]] \tag{A.2.10}$$

これを標準正規分布の分布関数に当てはめると,いわゆるブラック・ショールズの公式 (Black–Scholes formula) となる.

$$C(t, S_t) = S_t \Phi(d_1) - e^{-r(T-t)} K \Phi(d_2) \qquad (A.2.11)$$

ただし,Φ は標準正規分布の分布関数を表し,d_1 と d_2 は次である.

$$d_1 = \frac{1}{\sigma\sqrt{T-t}}\left\{\left(r + \frac{\sigma^2}{2}\right)(T-t) + \ln\frac{S_t}{K}\right\}$$

$$d_2 = d_1 - \sigma\sqrt{T-t}$$
$$= \frac{1}{\sigma\sqrt{T-t}}\left\{\left(r - \frac{\sigma^2}{2}\right)(T-t) + \ln\frac{S_t}{K}\right\}$$

以上のように,リスク中立確率/世界の概念を使うと,煩雑なオプション価格公式の導出も極めて簡潔になることがわかる.以上の議論の詳細に関しては,前田 (2003, 第 8 章) を参照されたい.

A.3 定数係数 2 階線形微分方程式

A.3 から A.6 は,本書で扱う微分方程式の解法について見ていく.まず本節では,2 階の微分方程式で係数が定数の場合の解法について見ていく.

x について n 階微分可能な連続関数を $V(x)$ として,次のような微分方程式を考える.

$$\sum_{k=0}^{n} a_k \frac{d^k}{dx^k} V(x) + f(x) = 0 \qquad (A.3.1)$$

ここで,$f(x)$ はなんらかの連続関数である.$\{a_k\}_{k=0}^{n}$ が定数のとき,この微分方程式は,**定数係数 n 階線形微分方程式** (n-th order linear differential equation with constant coefficients) と呼ばれる.特に $f(x) \neq 0$ の場合,これを**非同次方程式** (non-homogeneous equation) と呼び,$f(x) \equiv 0$ の場合,これを**同次方程式** (homogeneous equation) と呼ぶ.以下,同次方程式,非同次方程式の順で詳しく見ていこう.

定数係数の n 階同次線形微分方程式には,n 個の 1 次独立な解

$$\{g_1(x), g_2(x), \ldots, g_n(x)\}$$

A.3 定数係数 2 階線形微分方程式

が考えられ，それらを**基本解**（fundamental soluton）と呼ぶ．基本解を任意定数 $A_1, A_2, \ldots, A_n$ を用いて線形結合したものも，元の方程式の解となっている．そうした解を**一般解**（general solution）と呼ぶ．また，任意定数に特定の値を与えたものを**特解**あるいは**特殊解**（particular solution）と呼ぶ．$n = 2$ の場合，すなわち，2 階同次線形微分方程式：

$$aV''(x) + bV'(x) + cV(x) = 0 \tag{A.3.2}$$

の場合，一般解は，次のように表される．

$$V(x) = A_1 g_1(x) + A_2 g_2(x) \tag{A.3.3}$$

ここで，基本解 g_1, g_2 の候補として，次のような形式を考える．

$$g(x) = \mathrm{e}^{\beta x} \tag{A.3.4}$$

これを (A.3.2) に代入すると，

$$(a\beta^2 + b\beta + c)\mathrm{e}^{\beta x} = 0 \tag{A.3.5}$$

となる．$\mathrm{e}^{\beta x} > 0$ であることから，

$$a\beta^2 + b\beta + c = 0 \tag{A.3.6}$$

である．この β についての多項式（ここでは 2 次の多項式）(A.3.6) を，**特性方程式**（characteristic equation）と呼ぶ．(A.3.6) は，判別式 $D = b^2 - 4ac$ の符号によって，その解が次のように分類される．

- $D > 0$ のとき，特性方程式 (A.3.6) は，2 つの実数の解（根）を持つ．
- $D = 0$ のとき，特性方程式 (A.3.6) は，1 つの実数の解（重根）を持つ．
- $D < 0$ のとき，特性方程式 (A.3.6) は，共役な 2 つの複素数の解（根）を持つ．

$D > 0$ の場合，2 次方程式の解の公式より，特性方程式の解は，

$$\beta_1 = \frac{-b + \sqrt{b^2 - 4ac}}{2a}, \qquad \beta_2 = \frac{-b - \sqrt{b^2 - 4ac}}{2a} \tag{A.3.7}$$

となる．これより，同次方程式 (A.3.2) の一般解として，

$$V(x) = A_1 \mathrm{e}^{\beta_1 x} + A_2 \mathrm{e}^{\beta_2 x} \tag{A.3.8}$$

となっていることがわかる．ここで，A_1, A_2 は任意定数である．

次に，2 階非同次線形微分方程式

$$aV''(x) + bV'(x) + cV(x) + f(x) = 0 \tag{A.3.9}$$

を考えよう．この方程式の一般解は，次のような形式をしていると考えられる．

$$V(x) = G(x) + P(x) \tag{A.3.10}$$

ここで，G は，非同次方程式 (A.3.9) に対応する同次方程式 (A.3.2) の一般解であり，P は，非同次方程式 (A.3.9) に対する特解である．

(A.3.10) を非同次方程式 (A.3.9) に代入すると，

$$\begin{aligned}&a(G''(x) + P''(x)) + b(G'(x) + P'(x)) + c(G(x) + P(x)) + f(x) \\&= [aG''(x) + bG'(x) + cG(x)] + [aP''(x) + bP'(x) + cP(x) + f(x)]\end{aligned} \tag{A.3.11}$$

となる．定義により，$G(x)$ は，同次方程式 (A.3.2) の解であるから，

$$aG''(x) + bG'(x) + cG(x) = 0 \tag{A.3.12}$$

を満たす．したがって，P は次式を満たしていることが確認される．

$$aP''(x) + bP'(x) + cP(x) + f(x) = 0 \tag{A.3.13}$$

以上より，(A.3.10) は，

$$V(x) = A_1 e^{\beta_1 x} + A_2 e^{\beta_2 x} + P(x) \tag{A.3.14}$$

と書き換えられることがわかる．

そこで，次なる関心は，特解 $P(x)$ をどのように求めるかということである．これには，**未定係数法**（method of undetermined coefficient）と**定数変化法**（method of variation of constants）が知られている．

未定係数法は，非同次方程式 (A.3.9) の非同次の部分が，$f(x) = me^{nx}$，$f(x) = mx^n$ などの形をしているときは，特解の形を $P(x) = Ae^{nx}$，$P(x) = A_n x^n + A_{n-1} x^{n-1} + \cdots + A_1 x + A_0$ などと推測し，定数 A の値を求める方法である．この方法は，$f(x)$ がそのように特殊な形をしているときには便利な方法であるが，より一般的な形の $f(x)$ に対しては適用し難い．そのような場合は，定数変化法が必要となる．

定数変化法は，非同次方程式に対応する同次方程式の一般解に対して，その

線形結合を考え，それが非同次方程式の解となるように，線形結合の係数を変化させる方法である．以下，具体的に見てみよう．

(A.3.8) における任意定数 A_1, A_2 を x の関数と置き換え，非同次方程式の特解が，次の形をしていると仮定する．

$$P(x) = A_1(x)g_1(x) + A_2(x)g_2(x) \tag{A.3.15}$$

この 1 階の導関数は，

$$P'(x) = A_1'(x)g_1(x) + A_1(x)g_1'(x) + A_2'(x)g_2(x) + A_2(x)g_2'(x) \tag{A.3.16}$$

となる．ここで，$A_1(x), A_2(x)$ の 2 階の導関数が現れないようにするために，

$$A_1'(x)g_1(x) + A_2'(x)g_2(x) = 0 \tag{A.3.17}$$

を仮定する．この条件のもとで，(A.3.15) の 2 階の導関数は，

$$P''(x) = A_1'(x)g_1'(x) + A_1(x)g_1''(x) + A_2'(x)g_2'(x) + A_2(x)g_2''(x) \tag{A.3.18}$$

となる．(A.3.17) に注意しつつ，(A.3.15), (A.3.16), (A.3.18) を非同次方程式 (A.3.2) に代入して，整理すると次式を得る．

$$A_1(x)[ag_1''(x) + bg_1'(x) + cg_1(x)] + A_2(x)[ag_2''(x) + bg_2'(x) + cg_2(x)]$$
$$+ [aA_1'(x)g_1'(x) + aA_2'(x)g_2'(x)] + f(x) = 0 \tag{A.3.19}$$

ここで，g_1, g_2 は，同次方程式の基本解であることから，(A.3.19) の 1 行目の $[\cdots]$ 内はゼロとなる．したがって，(A.3.19) は

$$aA_1'(x)g_1'(x) + aA_2'(x)g_2'(x) + f(x) = 0 \tag{A.3.20}$$

となる．(A.3.17) と (A.3.20) から，$A_1'(x), A_2'(x)$ は，

$$A_1'(x) = \frac{f(x)g_2(x)}{a(g_1(x)g_2'(x) - g_2(x)g_1'(x))} \tag{A.3.21}$$

$$A_2'(x) = -\frac{f(x)g_1(x)}{a(g_1(x)g_2'(x) - g_2(x)g_1'(x))} \tag{A.3.22}$$

となる．ここで，(A.3.21), (A.3.22) の分母は，(A.3.17), (A.3.20) の係数の行列式

$$\begin{vmatrix} g_1(x) & g_2(x) \\ ag_1'(x) & ag_2'(x) \end{vmatrix} \tag{A.3.23}$$

の値となっている．この行列式は，ロンスキー行列式（Wronskian）と呼ばれ，$W(g_1(x), g_2(x))$ で表すと，(A.3.20), (A.3.22) は，

$$A_1'(x) = \frac{f(x)g_2(x)}{W(g_1(x), g_2(x))} \tag{A.3.24}$$

$$A_2'(x) = -\frac{f(x)g_1(x)}{W(g_1(x), g_2(x))} \tag{A.3.25}$$

と書き直される．(A.3.24), (A.3.25) を x で積分すれば，A_1, A_2 は，それぞれ，

$$A_1(x) = \int^x \frac{f(y)g_2(y)}{W(g_1(y), g_2(y))} \mathrm{d}y \tag{A.3.26}$$

$$A_2(x) = -\int^x \frac{f(y)g_1(y)}{W(g_1(y), g_2(y))} \mathrm{d}y \tag{A.3.27}$$

と求まる．したがって，$P(x)$ は，

$$P(x) = g_1(x) \int^x \frac{f(y)g_2(y)}{W(g_1(y), g_2(y))} \mathrm{d}y - g_2(x) \int^x \frac{f(y)g_1(y)}{W(g_1(y), g_2(y))} \mathrm{d}y \tag{A.3.28}$$

となる．

A.4　オイラーの微分方程式

本書では，次の形式の微分方程式が頻出している．

$$\frac{1}{2}\sigma^2 x^2 V''(x) + \mu x V'(x) - rV(x) + f(x) = 0 \tag{A.4.1}$$

本節では，これについて考察してみよう．

この式の各項の係数を $\hat{a} \equiv \frac{1}{2}\sigma^2$, $\hat{b} \equiv \mu$, $\hat{c} \equiv -r$ と置き換えると，次のような方程式になっていることがわかる．

$$\hat{a}x^2 V''(x) + \hat{b}xV'(x) + \hat{c}V(x) + f(x) = 0 \tag{A.4.2}$$

このような，n 階の導関数に n 次の変数がかけられているような微分方程式は，オイラーの微分方程式（Euler's differential equation）と呼ばれる．以下，これについて詳しく見てみよう．

(A.4.2) に対して，

A.4 オイラーの微分方程式

$$x = \mathrm{e}^y \qquad (y = \ln x) \tag{A.4.3}$$

なる変数変換を考える．このような変数変換のもとで，V の 1 階の導関数と 2 階の導関数は，それぞれ次のようになる．

$$\frac{\mathrm{d}V}{\mathrm{d}x} = \frac{\mathrm{d}V}{\mathrm{d}y}\frac{\mathrm{d}y}{\mathrm{d}x} = \frac{\mathrm{d}V}{\mathrm{d}y}\frac{1}{x} \tag{A.4.4}$$

$$\frac{\mathrm{d}^2 V}{\mathrm{d}x^2} = \frac{\mathrm{d}}{\mathrm{d}x}\left(\frac{\mathrm{d}V}{\mathrm{d}y}\frac{1}{x}\right) = \frac{\mathrm{d}}{\mathrm{d}x}\left(\frac{\mathrm{d}V}{\mathrm{d}y}\right)\frac{1}{x} - \frac{\mathrm{d}V}{\mathrm{d}y}\frac{1}{x^2} = \left(\frac{\mathrm{d}^2 V}{\mathrm{d}y^2} - \frac{\mathrm{d}V}{\mathrm{d}y}\right)\frac{1}{x^2} \tag{A.4.5}$$

これらを (A.4.2) に代入すると，

$$\hat{a}V''(\mathrm{e}^y) + (\hat{b} - \hat{a})V'(\mathrm{e}^y) + \hat{c}V(\mathrm{e}^y) + f(\mathrm{e}^y) = 0 \tag{A.4.6}$$

となる．これは，定数係数 2 階線形微分方程式になっている．すなわち，オイラーの微分方程式と定数係数 2 階線形微分方程式は互いに変換可能な形になっている．

定数係数 2 階線形微分方程式については，前節ですでに一般解を求めている．これを利用して，オイラーの微分方程式の一般解を求めてみよう．まず，(A.4.6) において，$f(\mathrm{e}^y) = 0$ としたときの同次方程式を考える．その一般解の候補は，次のように書ける．

$$V(\mathrm{e}^y) = \mathrm{e}^{\beta y} \tag{A.4.7}$$

(A.4.7) を (A.4.6) に代入することにより，特性方程式

$$\hat{a}\beta^2 + (\hat{b} - \hat{a})\beta + \hat{c} = 0 \tag{A.4.8}$$

を得る．判別式 D は，$D = (\hat{b} - \hat{a})^2 - 4\hat{a}\hat{c}$ である．$D > 0$ となる場合，一般解は，

$$V(\mathrm{e}^y) = A_1 \mathrm{e}^{\beta_1 y} + A_2 \mathrm{e}^{\beta_2 y} \tag{A.4.9}$$

と書けることになる．ここで，β_1, β_2 は，

$$\beta_1 = \frac{-(\hat{b} - \hat{a}) + \sqrt{(\hat{b} - \hat{a})^2 - 4\hat{a}\hat{c}}}{2\hat{a}}, \qquad \beta_2 = \frac{-(\hat{b} - \hat{a}) - \sqrt{(\hat{b} - \hat{a})^2 - 4\hat{a}\hat{c}}}{2\hat{a}} \tag{A.4.10}$$

である．

(A.4.3) の変数変換を考えれば，(A.4.7) は

$$V(\mathrm{e}^y) = \mathrm{e}^{\beta y} = \mathrm{e}^{\beta \ln x} = x^\beta = V(x) \tag{A.4.11}$$

であるので，(A.4.2) の一般解は次のように書けることがわかる．

$$V(x) = A_1 x^{\beta_1} + A_2 x^{\beta_2} + P(x) \tag{A.4.12}$$

また，(A.4.1) の形式をしたオイラー方程式については，(A.4.8) と $\hat{a}, \hat{b}, \hat{c}$ の定義より，次の特性方程式になっていることがわかる．

$$\frac{1}{2}\sigma^2 \beta^2 + \left(\mu - \frac{1}{2}\sigma^2\right)\beta - r = 0 \tag{A.4.13}$$

この解は，次のようになっている．

$$\beta_1 = \frac{1}{2} - \frac{\mu}{\sigma^2} + \sqrt{\left(\frac{\mu}{\sigma^2} - \frac{1}{2}\right)^2 + \frac{2r}{\sigma^2}} \tag{A.4.14}$$

$$\beta_2 = \frac{1}{2} - \frac{\mu}{\sigma^2} - \sqrt{\left(\frac{\mu}{\sigma^2} - \frac{1}{2}\right)^2 + \frac{2r}{\sigma^2}} \tag{A.4.15}$$

以上では，オイラーの微分方程式に変数変換を導入して，定数係数線形微分方程式に帰着させた．このように変数変換，微分や積分などの操作を有限回行って，既知の線形微分方程式に直すことによって，初等関数で表された一般解を求める方法は，**求積法**（quadrature）と呼ばれる．

A.5　変数係数 2 階線形微分方程式

微分方程式の係数が定数係数ではないものは，**変数係数 2 階線形微分方程式**と呼ばれる．そうした微分方程式の多くは，前節のような方法では解けない．その典型例として挙げられるのは，次の微分方程式である．

$$\frac{1}{2}\sigma^2 x^2 V''(x) + \mu x \left(1 - \frac{x}{\kappa}\right) V'(x) - rV(x) = 0 \tag{A.5.1}$$

一見，(A.4.1) の同次方程式とよく似ているが，$V'(x)$ の項の係数が異なっている．この係数のため，どのような変数変換を行っても定数係数線形微分方程式に帰着させることができない．すなわち，求積法の考え方では求解ができないのである．そのような場合に用いられるのが，解として無限級数を仮定する**級数解法**（series solution method）である．なかでも，フロベニウスの方法

(Frobenius method) は最もよく知られたものである．以下，これについて詳しく見てみよう．

変数係数の一般的な微分方程式として，次のものを考える．

$$V''(x) + P(x)V'(x) + Q(x)V(x) = 0 \tag{A.5.2}$$

これは，(A.5.1) との対比では，

$$P(x) \equiv \frac{2\mu(1 - x/\kappa)}{\sigma^2 x} \tag{A.5.3}$$

$$Q(x) \equiv -\frac{2r}{\sigma^2 x^2} \tag{A.5.4}$$

となっている．

関数 $f(x)$ が $x = a$ で無限回連続微分可能であるとする．これを，関数 f は $x = a$ において**解析的**（analytic）であるという．このとき f は点 $x = a$ のまわりで，

$$f(x) = \sum_{n=0}^{\infty} b_n (x-a)^n = b_0 + b_1(x-a) + b_2(x-a)^2 + \cdots \tag{A.5.5}$$

と，整級数に展開できることになる．これに対して，関数 $f(x)$ が $x = a$ で解析的でないとき，関数 $f(x)$ は点 $x = a$ で**特異**（singular）である，といい，点 $x = a$ を**特異点**（singular point）という．

微分方程式 (A.5.2) において，$P(x), Q(x)$ がともに点 $x = a$ で解析的であるとき，点 $x = a$ は微分方程式 (A.5.2) の**通常点**あるいは**正常点**（ordinary point）と呼ぶ．もし，いずれか一方でも，点 $x = a$ で特異であるならば，点 $x = a$ は微分方程式 (A.5.2) の特異点であるという．さらに，点 $x = a$ が特異点であったとしても，

$$(x-a)P(x), \qquad (x-a)^2 Q(x) \tag{A.5.6}$$

が点 $x = a$ において解析的であれば，点 $x = a$ は微分方程式 (A.5.2) の**確定特異点**（regular singular point）と呼ばれる．(A.5.1) の場合は $a = 0$ がその確定特異点になっている．

点 $x = a$ が確定特異点である場合，微分方程式 (A.5.2) は，

$$V(x) = (x-a)^\beta \sum_{n=0}^{\infty} b_n (x-a)^n, \qquad b_0 \neq 0 \tag{A.5.7}$$

の形の基本解を持つことが知られている．これは以下のようにしてわかる．詳しく見てみよう．

(A.5.7) において，$a = 0$ の場合だけ考えても一般性を失わない．なぜなら，$x - a$ を改めて x と置き換えてしまえばよいからである．そこで，以下では $a = 0$ の場合だけを考えることにする．

さて，点 $x = 0$ が微分方程式 (A.5.2) に対して確定特異点である場合，定義により，点 $x = 0$ で，$xP(x)$ と $x^2Q(x)$ がともに解析的ということになる．これより，$xP(x)$ と $x^2Q(x)$ は，それぞれ，以下のように整級数に展開できることになる．

$$xP(x) = \sum_{n=0}^{\infty} p_n x^n \tag{A.5.8}$$

$$x^2 Q(x) = \sum_{n=0}^{\infty} q_n x^n \tag{A.5.9}$$

ここで，微分方程式 (A.5.2) の基本解が，

$$V(x) = x^\beta \sum_{n=0}^{\infty} b_n x^n, \qquad b_0 \neq 0 \tag{A.5.10}$$

と書けると予想する．β は未定定数である．(A.5.10) の 1 階微分と 2 階微分は，それぞれ，次のようになる．

$$V'(x) = \sum_{n=0}^{\infty} (n+\beta) b_n x^{n+\beta-1} \tag{A.5.11}$$

$$V''(x) = \sum_{n=0}^{\infty} (n+\beta)(n+\beta-1) b_n x^{n+\beta-2} \tag{A.5.12}$$

(A.5.8)–(A.5.12) を (A.5.2) に代入すると，

$$\sum_{n=0}^{\infty} (n+\beta)(n+\beta-1) b_n x^{n+\beta-2}$$
$$+ \sum_{m=0}^{\infty} p_m x^m \sum_{n=0}^{\infty} (n+\beta) b_n x^{n+\beta-2} + \sum_{m=0}^{\infty} q_m x^m \sum_{n=0}^{\infty} b_n x^{n+\beta-2} = 0 \tag{A.5.13}$$

を得る．左辺第 2 項と第 3 項を n を k に変えてまとめると，

$$\sum_{n=0}^{\infty}(n+\beta)(n+\beta-1)b_n x^{n+\beta-2} + \sum_{m=0}^{\infty}\sum_{k=0}^{\infty}(p_m(k+\beta)+q_m)b_k x^{k+m+\beta-2} = 0 \tag{A.5.14}$$

となる．ここで改めて $n \equiv k+m$ とおけば，第 2 項の x のべき乗は第 1 項と同じく $x^{n+\beta-2}$ となる．そこで，$k = n-m$ とおき直して，

$$\sum_{n=0}^{\infty}(n+\beta)(n+\beta-1)b_n x^{n+\beta-2}$$
$$+ \sum_{n=0}^{\infty}\sum_{m=0}^{n}(p_m(n-m+\beta)+q_m)b_{n-m} x^{n+\beta-2} = 0 \tag{A.5.15}$$

となる．$m=0$ を分割すると，

$$\sum_{n=0}^{\infty}(n+\beta)(n+\beta-1)b_n x^{n+\beta-2} + \sum_{n=0}^{\infty}(p_0(n+\beta)+q_0)b_n x^{n+\beta-2}$$
$$+ \sum_{n=0}^{\infty}\sum_{m=1}^{n}(p_m(n-m+\beta)+q_m)b_{n-m} x^{n+\beta-2} = 0 \tag{A.5.16}$$

となる．さらに，第 1 項と第 2 項を $n=0$ と $n \neq 0$ とに分けて書き直すと，

$$[\beta(\beta-1)+p_0\beta+q_0]b_0 x^{\beta-2}$$
$$+ \sum_{n=1}^{\infty}[(n+\beta)(n+\beta-1)+(p_0(n+\beta)+q_0)]b_n x^{n+\beta-2} \tag{A.5.17}$$
$$+ \sum_{n=0}^{\infty}\sum_{m=1}^{n}(p_m(n-m+\beta)+q_m)b_{n-m} x^{n+\beta-2} = 0$$

ここで，$b_0 \neq 0$ より，

$$\beta(\beta-1)+p_0\beta+q_0 = 0 \tag{A.5.18}$$

となる．この式を微分方程式 (A.5.2) の**決定方程式**（indicial equation）という．決定方程式の根 β_1, β_2 が，$\beta_1 \neq \beta_2$ かつ $\beta_1 - \beta_2 \notin \mathbb{Z}$ であるとすると，微分方程式 (A.5.2) の基本解は，次のようになる．

$$V_1(x) = x^{\beta_1}\sum_{n=0}^{\infty}b_n x^n, \qquad V_2(x) = x^{\beta_2}\sum_{n=0}^{\infty}c_n x^n \tag{A.5.19}$$

ただし，$\mathbb{Z}$ は整数全体を表し，$b_0 \neq 0$, $c_0 \neq 0$ である．根が $\beta_1 = \beta_2$ または $\beta_1 - \beta_2 \in \mathbb{Z}$ のときの微分方程式 (A.5.2) の解については，別の取扱いが必要

となる. それについては山本 (1985, pp.100–103) を参照されたい.

最後に, 本節の冒頭に挙げた (A.5.1) について, その具体的な解法を見てみよう. 前述のように, これは (A.5.2) において, $P(x) \equiv 2\mu\left(1 - \frac{x}{\kappa}\right)/(\sigma^2 x)$, $Q(x) \equiv -2r/(\sigma^2 x^2)$ のようになっているものである. これらに対して,

$$xP(x) = \frac{2\mu(1 - x/\kappa)}{\sigma^2} \tag{A.5.20}$$

$$x^2 Q(x) = -\frac{2r}{\sigma^2} \tag{A.5.21}$$

を考え, x を限りなくゼロに近づけた極限をとれば, それらは有限の値に収束することがわかる. すなわち,

$$\lim_{x \to 0} xP(x) = \frac{2\mu}{\sigma^2} \tag{A.5.22}$$

$$\lim_{x \to 0} x^2 Q(x) = -\frac{2r}{\sigma^2} \tag{A.5.23}$$

となる. これより, $xP(x)$, $x^2 Q(x)$ は, $x = 0$ で解析的であり, $x = 0$ は (A.5.1) の確定特異点である, といえる.

(A.5.1) の基本解を,

$$V(x) = x^\beta \sum_{n=0}^{\infty} B_n x^n \tag{A.5.24}$$

とすれば, B_n が求めるべき定数となる.

(A.5.24) を (A.5.1) に代入すると,

$$\sum_{n=0}^{\infty} \left[\frac{1}{2}\sigma^2(n+\beta)(n+\beta-1) + \mu(n+\beta) - r\right] B_n x^{n+\beta} \\ - \sum_{n=1}^{\infty} \frac{\mu}{\kappa}(n+\beta-1) B_{n-1} x^{n+\beta} = 0 \tag{A.5.25}$$

となる.

ここで, $B_0 \neq 0$ とすると,

$$\left[\frac{1}{2}\sigma^2 \beta(\beta-1) + \mu\beta - r\right] B_0 = 0 \tag{A.5.26}$$

である. これより, 前節 (A.4.13) と同じ決定方程式

$$\frac{1}{2}\sigma^2 \beta(\beta-1) + \mu\beta - r = 0 \tag{A.5.27}$$

A.5 変数係数2階線形微分方程式

が得られ，その2つの根は次のようになる．

$$\beta_1 = \frac{1}{2} - \frac{\mu}{\sigma^2} + \sqrt{\left(\frac{\mu}{\sigma^2} - \frac{1}{2}\right)^2 + \frac{2r}{\sigma^2}}$$

$$\beta_2 = \frac{1}{2} - \frac{\mu}{\sigma^2} - \sqrt{\left(\frac{\mu}{\sigma^2} - \frac{1}{2}\right)^2 + \frac{2r}{\sigma^2}}$$

ここで，

$$\beta_1 - \beta_2 \notin \mathbb{Z} \tag{A.5.28}$$

であると仮定する．

β_1, β_2 を用いれば，(A.5.1) の一般解は，

$$V(x) = A_1 x^{\beta_1} \sum_{n=0}^{\infty} B_n x^n + A_2 x^{\beta_2} \sum_{n=0}^{\infty} B_n x^n \tag{A.5.29}$$

と書けることになる．ここで，A_1, A_2 は求めるべき定数である．

より具体的な例として，次のように仮定する．

$$\mu > r \tag{A.5.30}$$

この仮定のもとで，(A.5.27) において $\sigma \to 0$ とすると $\beta = r/\mu < 1$ となる．また，$\sigma \to \infty$ とすると，$\beta_1 = 1$ となる．これより，すべての σ について $r/\mu \le \beta_1 < 1$ となる．

また，すべての σ について $\beta_2 < 0$ である．

さらに，境界条件として，$V(0) = 0$ を考える．このとき，x^{β_1} の項のみがこの境界条件を満たし得るものとなる．すなわち，$A_2 = 0$ とならなくてはならない．これより，(A.5.30) の仮定と境界条件 $V(0) = 0$ のもとでは，(A.5.1) の一般解は次のように限定される．

$$V(x) = A_1 x^{\beta_1} \sum_{n=0}^{\infty} B_n x^n \tag{A.5.31}$$

(A.5.31) 中の B_n は (A.5.25) から帰納的に求めることができる．この式において，$n \ge 1$ に対しては次のようになる．

$$\left[\frac{1}{2}\sigma^2(n+\beta)(n+\beta-1) + \mu(n+\beta) - r\right] B_n = \frac{\mu}{\kappa}(n+\beta-1)B_{n-1} \tag{A.5.32}$$

これを整理して, $n = 1, 2, \cdots$ に対して次式を得る.

$$B_n = \frac{(\mu/\kappa)(n+\beta_1-1)}{(1/2)\sigma^2(n+\beta)(n+\beta-1)+\mu(n+\beta)-r} B_{n-1}, \qquad B_0 \neq 0 \tag{A.5.33}$$

なお, ここまでの扱いで, $B_0 \neq 0$ (あるいは $b_0 \neq 0$) とし, その値は未定としてきた. この値によって $\{B_n\}$ (ないしは $\{b_n\}$) の値全体がスケールアップ／ダウンされる形で変わってくることになる. しかし, その違いは, (A.5.29) などを見れば容易にわかるように, V の大きさを決めるパラメータ A_j に吸収されることになる. すなわち, B_0 を固定して A_j を求めるか, 逆に A_j を固定して B_0 を求めるか, の違いだけである. そうしたことから, 実際の計算では B_0 (あるいは b_0) を 1 として規格化してしまうと便利である. また, 図書によっては, これを自明なこととして, はじめから $B_0 = 1$ (あるいは $b_0 = 1$) と設定して議論を始めることもあるので, 注意されたい.

A. 6　合流型超幾何微分方程式

変数係数 2 階線形微分方程式のなかでも, 次のような形式をしたものは, 合流型超幾何微分方程式 (confluent hypergeometric differential equation) あるいはクンマー微分方程式 (Kummer's differential equation) と呼ばれる.

$$xV''(x) + (\gamma - x)V'(x) - \alpha V(x) = 0 \tag{A.6.1}$$

以下, これについて詳しく見てみよう. 微分方程式 (A.6.1) の基本解を,

$$V(x) = x^\lambda \sum_{n=0}^{\infty} b_n x^n, \qquad b_0 \neq 0 \tag{A.6.2}$$

とおき, その 1 階微分と 2 階微分を (A.6.1) に代入すると,

$$[\lambda(\lambda-1+\gamma)]b_0 x^{\lambda-1} + \sum_{n=1}^{\infty} [(n+\lambda)(n+\lambda-1+\gamma)b_n - (n+\lambda-1+\alpha)b_{n-1}]x^{n+\lambda-1} = 0 \tag{A.6.3}$$

となる.

A.6 合流型超幾何微分方程式

(A.6.3) が成り立つには，x のべき乗項にかかる任意の係数が 0 となっていなければならない．$x^{\lambda-1}$ の係数において $b_0 \neq 0$ より，決定方程式

$$\lambda(\lambda - 1 + \gamma) = 0 \tag{A.6.4}$$

を得る．$x^{n+\lambda-1}$ の係数も 0 であることから，

$$(n+\lambda)(n+\lambda-1+\gamma)b_n - (n+\lambda-1+\alpha)b_{n-1} = 0 \tag{A.6.5}$$

という漸化式が得られる．

決定方程式 (A.6.4) の解は，

$$\lambda = 0, \qquad \lambda = 1 - \gamma \tag{A.6.6}$$

となる．それぞれの場合に対して，漸化式 (A.6.5) が成立していることになる．

まず $\lambda = 0$ の場合を見てみよう．このとき，漸化式 (A.6.5) は，次のようになっている．

$$b_n = \frac{n-1+\alpha}{n(n-1+\gamma)} b_{n-1} \tag{A.6.7}$$

これより，$b_0 = 1$ とすれば（その意味は前節末尾に述べた通り），

$$b_n = \frac{\alpha(1+\alpha)(2+\alpha)\cdots(n-1+\alpha)}{n!\gamma(\gamma+1)(\gamma+2)\cdots(\gamma+n-1)} \tag{A.6.8}$$

となる．すなわち，$\lambda = 0$ に対して (A.6.3) を満たす $V_1(x)$ は，

$$V_1(x) = \sum_{n=0}^{\infty} b_n x^n = 1 + \frac{\alpha}{\gamma} x + \frac{(1+\alpha)\alpha}{2(1+\gamma)\gamma} x^2 + \cdots \tag{A.6.9}$$

となることがわかる．この右辺を少し整理すると次のような関数になっている．

$$\begin{aligned} F(\alpha, \gamma; x) &= \sum_{k=0}^{\infty} \frac{(\alpha)_k}{(\gamma)_k} \frac{x^k}{k!} \\ &= 1 + \frac{\alpha}{\gamma} x + \frac{\alpha(\alpha+1)}{\gamma(\gamma+1)} \frac{x^2}{2!} + \cdots + \frac{\alpha(\alpha+1)\cdots(\alpha+k-1)}{\gamma(\gamma+1)\cdots(\gamma+k-1)} \frac{x^k}{k!} + \cdots \end{aligned} \tag{A.6.10}$$

ここで，$(m)_k = m(m+1)\cdots(m+k-1)$ はポッホハマー記号（Pochhammer symbol）を表す．この関数は，**合流型超幾何関数**（hypergeometric function of confluent type），あるいは**クンマー関数**と呼ばれている[*5]．

[*5] 詳しくは，西本 (1998) を参照されたい．

次に，$\lambda = 1 - \gamma$ の場合について見てみよう．このとき，漸化式 (A.6.5) は，

$$b_n = \frac{n - \gamma + \alpha}{n(n + 1 - \gamma)} b_{n-1} \tag{A.6.11}$$

となる．(A.6.11) は，(A.6.7) において，$\alpha \to 1 - \gamma + \alpha, \gamma \to 2 - \gamma$ と置き換えたものであると考えられる．そこで上記の合流型超幾何関数 F をそのまま用いて，$\lambda = 1 - \gamma$ に対しては，(A.6.3) を満たす $V_2(x)$ は，次のように書ける．

$$V_2(x) = x^{1-\gamma} F(1 - \gamma + \alpha, 2 - \gamma; x) \tag{A.6.12}$$

以上より，微分方程式 (A.6.1) の一般解は，

$$V(x) = A_1 F(\alpha, \gamma; x) + A_2 x^{1-\gamma} F(1 - \gamma + \alpha, 2 - \gamma; x) \tag{A.6.13}$$

となる．A_1, A_2 は未知定数である．

続いて，本節と前節の関係を見ておこう．前節では，その冒頭に挙げた微分方程式 (A.5.1) にフロベニウスの方法が適用され得ることを示した．以下では，この同じ微分方程式が，うまく変換をかければ合流型超幾何微分方程式に帰着され得ることを示す[*6]．

(A.5.1) の解 $V(x)$ が新たな関数 $G(x)$ によって

$$V(x) = A x^{\beta} G(x) \tag{A.6.14}$$

と表せるとする．(A.6.14) を (A.5.1) に代入し整理すると，

$$\left[\frac{1}{2} \sigma^2 \beta(\beta - 1) + \mu\beta - r \right] x^{\beta} G(x) \\ + \left[\frac{1}{2} \sigma^2 x G''(x) + \left(\sigma^2 \beta + \mu - \frac{\mu x}{\kappa} \right) G'(x) - \frac{\mu\beta}{\kappa} G(x) \right] x^{\beta+1} = 0 \tag{A.6.15}$$

となる．ここで，(A.6.15) は任意の x について成り立たなくてはならない．これより，$x^{\beta} G(x)$ と $x^{\beta+1}$ のそれぞれ係数である $[\cdots]$ の中がゼロとなり，次の2つの等式が成り立たなければならないことになる．

$$\frac{1}{2} \sigma^2 \beta(\beta - 1) + \mu\beta - r = 0 \tag{A.6.16}$$

$$\frac{1}{2} \sigma^2 x G''(x) + \left(\sigma^2 \beta + \mu - \frac{\mu x}{\kappa} \right) G'(x) - \frac{\mu\beta}{\kappa} G(x) = 0 \tag{A.6.17}$$

[*6] Dixit and Pindyck (1994, pp.161–163) で同様の扱いが示されている．

(A.6.16) は，(A.4.13) と (A.5.27) と同じ式であり，β は次の 2 つの根を持つ．

$$\beta_1 = \frac{1}{2} - \frac{\mu}{\sigma^2} + \sqrt{\left(\frac{\mu}{\sigma^2} - \frac{1}{2}\right)^2 + \frac{2r}{\sigma^2}}$$

$$\beta_2 = \frac{1}{2} - \frac{\mu}{\sigma^2} - \sqrt{\left(\frac{\mu}{\sigma^2} - \frac{1}{2}\right)^2 + \frac{2r}{\sigma^2}}$$

このうち，後者については，$\beta_2 < 0$ であり，$x = 0$ のときは $x^{\beta_2} = \infty$ となる．そのため，次のような境界条件がある場合は β_2 が採用されることはなく，$\beta = \beta_1$ のみが唯一の可能性になる．

$$V(0) = 0 \tag{A.6.18}$$

すなわち，(A.6.18) のもとでは，$V(x)$ は，

$$V(x) = Ax^{\beta_1} G(x) \tag{A.6.19}$$

と特定化される．ただし，A は未知定数である．

$G(x)$ を規定する微分方程式 (A.6.17) は合流型超幾何微分方程式になっていることがわかる．わかり易くするために次のような変換を導入する．

$$y = \frac{2\mu}{\sigma^2 \kappa} x \tag{A.6.20}$$

その上で，$G(x) \equiv g(y)$ と定義すると，G の 1 階微分と 2 階微分は，それぞれ

$$G'(x) = \frac{2\mu}{\sigma^2 \kappa} g'(y), \qquad G''(x) = \left(\frac{2\mu}{\sigma^2 \kappa}\right)^2 g''(y) \tag{A.6.21}$$

となる．これらを用いて，(A.6.17) を書き直すと，

$$y g''(y) + (\gamma - y) g'(y) - \beta g(y) = 0 \tag{A.6.22}$$

となる．ただし，$\gamma \equiv 2(\beta + \mu/\sigma^2)$ である．

この式は，(A.6.1) と全く同じ形式をしていることがわかる．そこで，(A.6.10) の合流型超幾何関数（クンマー関数）が利用でき，$G(x)$ の一般解も (A.6.13) が利用できる．ただし，そこでの α は β_1 に当たる．また，$1 - \gamma$ は次のようになっている．

$$1 - \gamma = 1 - 2(\beta_1 + \mu/\sigma^2) = -2\sqrt{\left(\frac{\mu}{\sigma^2} - \frac{1}{2}\right)^2 + \frac{2r}{\sigma^2}} < 0 \tag{A.6.23}$$

そのため，(A.6.18) のもとでは，(A.6.13) のうち第 1 項のみが採用されることになる．結局，(A.5.1) の解は，次のように書かれることになる．

$$V(x) = Ax^{\beta_1} F\left(\beta_1, \gamma, \frac{2\mu}{\sigma^2 \kappa} x\right) \tag{A.6.24}$$

A.7 期待割引現在価値の積分計算

本書のいくつかの箇所で，関数の期待割引現在価値

$$\mathbb{E}\left[\int_0^\infty \mathrm{e}^{-rt} f(X_t) \mathrm{d}t\right] \tag{A.7.1}$$

の計算が出てくる．以下では，その方法をまとめておく．

確率変数 X が，確率微分方程式

$$\mathrm{d}X_t = \alpha \mathrm{d}t + \sigma \mathrm{d}W_t, \qquad X_0 = x \tag{A.7.2}$$

に従っているとしよう．このとき，$\mathrm{e}^{\gamma X_t}$ の期待割引現在価値は次のように計算される．

$$\begin{aligned}
\mathbb{E}\left[\int_0^\infty \mathrm{e}^{-rt}\mathrm{e}^{\gamma X_t}\mathrm{d}t\right] &= \mathbb{E}\left[\int_0^\infty \mathrm{e}^{-rt}\mathrm{e}^{\gamma(x+\alpha t+\sigma W_t)}\mathrm{d}t\right] \\
&= \mathrm{e}^{\gamma x}\int_0^\infty \mathrm{e}^{-(r-\gamma\alpha)t}\mathbb{E}[\mathrm{e}^{\gamma\sigma W_t}]\mathrm{d}t \\
&= \mathrm{e}^{\gamma x}\int_0^\infty \mathrm{e}^{-\left(r-\gamma\alpha-\frac{\gamma^2\sigma^2}{2}\right)t}\mathrm{d}t \\
&= \frac{\mathrm{e}^{\gamma x}}{r-\gamma\alpha-\frac{1}{2}\gamma^2\sigma^2}
\end{aligned} \tag{A.7.3}$$

3 番目の等号は，ブラウン運動の積率母関数を計算している．

次に，確率変数 Y が確率微分方程式

$$\mathrm{d}Y_t = \mu Y_t \mathrm{d}t + \sigma Y_t \mathrm{d}W_t, \qquad Y_0 = y \tag{A.7.4}$$

に従っているとしよう．ただし，$\mu \in \mathbb{R}$，$\sigma > 0$ とする．

Y_t に対して，$X_t = \ln Y_t$ なる変換を考える．X_t は，次の確率微分方程式に従うことになる．

$$\mathrm{d}X_t = \left(\mu - \frac{1}{2}\sigma^2\right)\mathrm{d}t + \sigma \mathrm{d}W_t \tag{A.7.5}$$

この変換から $Y^\gamma = \mathrm{e}^{\gamma X}$ と考えて，Y^γ の期待割引現在価値を求める．その際，(A.7.2) における α と (A.7.5) における $\mu - (1/2)\sigma^2$ が同一である．すなわち，$\alpha = \mu - (1/2)\sigma^2$ と考えて (A.7.3) を利用する．その結果，以下のようになる．

$$\mathbb{E}\left[\int_0^\infty \mathrm{e}^{-rt} Y_t^\gamma \mathrm{d}t\right] = \frac{\mathrm{e}^{\gamma x}}{r - \left(\mu - \frac{1}{2}\sigma^2\right)\gamma - \frac{1}{2}\gamma^2\sigma^2}$$
$$= \frac{y^\gamma}{r - \gamma\mu - \frac{1}{2}\gamma(\gamma-1)\sigma^2} \quad (\mathrm{A}.7.6)$$

おわりに

　本書では，確率制御理論の基礎と発展形について，その数理の詳細を解説した．「はじめに」で述べたように，確率制御は，最適制御の一種であり，それは最適化理論の特殊なケースでもある．したがって，数理工学やオペレーションズ・リサーチの中心的なテーマといってもよいであろう．ただ，そうした分野の入門から中級レベルの教科書では，ほとんど扱われることがないものでもある．その理由としては，本書の「はじめに」で述べたような歴史的な面と難易度の面との両方が考えられるが，理由はともかくとして，一般的に，確率制御理論を理解するには，最適化理論・数理計画法に加え，確率過程・確率微分方程式の数学を十分に学習しておくことが必要であると考えられている．

　そうした一般的な認識にもかかわらず，本書は，あえてその高度な内容を大学高学年から修士課程レベルの読者に向けて提供するものである．最初の2つの章を使って，問題の位置付けと必要な数学（確率過程・確率微分方程式）について解説した．さらに，後半の章で利用する，より技法的な数学については付録としてまとめた．こうした構成によって，確率制御理論の本来の近づき難さを十分克服して，平易な解説本になっていると筆者らは考えている．

　本題である第3章以降では，まず確率制御の基本的な考え方であるハミルトン・ジャコビ・ベルマン（HJB）方程式を中心に議論を進めた．続く第4章は，確率制御の考え方をより発展させて，いくつかのバリエーションについて議論した．それらは「最適停止」「特異制御」「インパルス制御」である．この2つの章を通して，確率制御の理論が体系的かつエレガントにまとめられていると考える．

　このようなまとめ方は実は筆者ら独自のものである．純粋な数学者あるいは数理科学を専門とする方から見ると，やや厳密さに欠ける扱いも一部に見られるかもしれない．その点は，筆者らも十分認識しているが，これまでにない斬

新なまとめ方として，許容願いたい．

　第5章では，第3・4章の内容をより具体的な数式に落とし込んで再考した．具体的な問題設定で，答え（解）への辿り着き方，その意味するところについてより詳細に述べた．そこでは特に経済的，経営的問題を取り扱った．これは，「はじめに」でも述べたように，近年の金融・ファイナンス分野での確率制御へのニーズの高まりを受けてのことである．

　本書を通して，確率制御理論を広くそして深く理解して頂けたら，筆者らの望むところである．

　なお，本書の着想と執筆に当たっては，環境省環境研究総合推進費（S10）および文部科学省科学研究費補助金の支援を受けていることを付記する．

参考文献

穴太克則 (2000)『タイミングの数理 − 最適停止問題 −』朝倉書店.
今井潤一 (2004)『リアル・オプション − 投資プロジェクト評価の工学的アプローチ』中央経済社.
奥野正寛 編著 (2008)『ミクロ経済学』東京大学出版会.
河村哲也 (2003)『常微分方程式』朝倉書店.
木島正明・中岡英隆・芝田隆志 (2008)『リアルオプションと投資戦略』朝倉書店.
小山昭雄 (1995)『経済数学教室 8 ダイナミック・システム（下）』岩波書店.
佐野理 (1993)『キーポイント 微分方程式』岩波書店.
澤木勝茂 (1994)『ファイナンスの数理』朝倉書店.
田畑吉雄 (1993)『数理ファイナンス論』牧野書店.
長井英生 (1999)『確率微分方程式』共立出版.
成田清正 (2010)『例題で学べる確率モデル』共立出版.
西本敏彦 (1998)『超幾何・合流型超幾何微分方程式』共立出版.
舟木直久 (1997)『確率微分方程式』岩波書店.
舟木直久 (2004)『確率論』朝倉書店.
前田章 (2003)『資産市場の経済理論』東洋経済新報社.
松原望 (2003)『入門確率過程』東京図書.
山本稔 (1985)『微分方程式とフーリエ解析』学術図書出版社.
Alvarez, L.H.R. (2000) On the option interpretation of rational harvesting planning, *Journal of Mathematical Biology*, **40**, 383–405.
Alvarez, L.H.R. and E. Koskela (2007) Optimal harvesting under resource stock and price uncertainty, *Journal of Economic Dynamics and Control*, **31**, 2461–2485.
Asmussen, S. and M. Taksar (1997) Controlled diffusion models for optimal dividend pay-out, *Insurance: Mathemtatics and Economics*, **20**, 1–15.

Baudry, M. (2000) Joint management of emission abatement and technological innovation for stock externalities, *Environmental and Resource Economics*, **16**, 161–183.

Bellman, R.E. (1957) *Dynamic Programming*, Princeton University Press, Princeton, New Jersey.

Bensoussan, A. and J. L. Lions (1982) *Applications of Variational Inequalities in Stochastic Control*, North-Holland, Amsterdam.

Bensoussan, A. and J. L. Lions (1984) *Impulse Control and Quasi-Variational Inequalities*, Gauthier-Villars, Paris.

Brekke, K.A. and B. Øksendal (1991) The high contact principle as a sufficiency condition for optimal stopping, in: D. Lund and B. Øksendal (eds.), *Stochastic Models and Option Values*, 187–208, North-Holland, Amsterdam.

Cadenillas, A., T. Choulli, M. Taksar and L. Zhang (2006) Classical and impulse stochastic control for the optimization of the dividend and risk policies of an insurance firm, *Mathematical Finance*, **16**, 181–202.

Cadenillas, A. and F. Zapatero (1999) Optimal central bank intervention in the foreign exchange market, *Journal of Economic Theory*, **87**, 218–242.

Cadenillas, A. and F. Zapatero (2000) Classical and impulse stochastic control of the exchange rate using interest rates and reserves, *Mathematical Finance*, **10**, 141–156.

Chang, F.-R. (2004) *Stochastic Optimization in Continuous Time*, Cambridge University Press, Cambridge.

Constantinides, G.M. and S.F. Richard (1978) Existence of optimal simple policies for discounted-cost inventory and cash management in continuous time, *Operations Research*, **26**, 620–636.

Dixit, A. (1993) *The Art of Smooth Pasting*, Harwood Academic Publishers, Switzerland.

Dixit, A. and R.S. Pindyck (1994) *Investment Under Uncertainty*, Princeton University Press, New Jersey.

Dumas, B. (1991) Super contact and related optimality conditions, *Journal of Economic Dynamics and Control*, **15**, 675–695.

Fleming, W.H. and R.W. Rishel (1975) *Deterministic and Stochastic Optimal Control*, Springer-Verlag, New York.

Fleming, W.H. and H.M. Soner (1993) *Controlled Markov Processes and Viscosity Solutions*, Springer-Verlag, New York.

Harrison, J.M. and D.M. Kreps (1979) Martingales and arbitrage in multiperiod securities markets, *Journal of Economic Theory*, **20**, 381–408.

Højgaard, B. and M. Taksar (2007) *Diffusion Optimization Models in Insurance and Finance*, early draft.

Kamien, M. I. and N. L. Schwartz (1991) *Dynamic Optimization: The Calculus of Variations and Optimal Control in Economics and Management*, 2nd ed., North-Holland, Amsterdam.

Merton, R. C. (1969) Lifetime portfolio selection under uncertainty: The continuous-time case, *Review of Economics and Statistics*, **51**, 247–257.

Merton, R. C. (1971) Optimum consumption and portfolio rules in a continuous-time model, *Journal of Economic Theory*, **3**, 373–413.

Morimoto, H. (2010) *Stochastic Control and Mathematical Modeling: Applications in Economics*, Cambridge University Press, New York.

Ohnishi, M. and M. Tsujimura (2002) Optimal dividend policy with transaction costs under a Brownian cash reserve, *Discussion Papers In Economics And Business*, Osaka University, 02-07.

Øksendal, B. (2003) *Stochastic Differential Equations. An Introduction with Applications*, 6th ed, Springer-Verlag, Berlin.

Øksendal, B. and K. Reikvam (1998) Viscosity solutions of optimal stopping problems, *Stochastics and Stochastics Reports*, **62**, 285–301.

Peskir, G. and A. Shiryaev (2006) *Optimal Stopping and Free-Boundary Problems*, Birkhäuser Verlag, Bersel.

Pham, H. (2005) On some recent aspects of stochastic control and their applications, *Probability Surveys*, **2**, 506–549.

Pham, H. (2009) *Continuous-time Stochastic Control and Optimization with Financial Applications*, Springer-Verlag, Berlin.

Stokey, N.L. (2009) *The Economics of Inaction: Stochastic Control Models with Fixed Costs*, Princeton University Press, New Jersey.

Touzi, N. (2002) *Stochastic Control Problems, Viscosity Solutions, and Application to Finance*, Lecture note of Special Research Semester on Financial Markets: Mathematical, Statistical and Economic Analysis.

Traeger, C.P. (2013) Discounting under uncertainty: Disentangling the Weitzman and the Gollier effect, *Journal of Environmental Economics and Management*, **66**, 573–582.

Vollert, A. (2003) *A Stochastic Control Framework for Real Options in Strategic Valuation*, Birkhäuser, Boston.

Willassen, Y. (1998) The stochastic rotatin problem: a generalization of Faustmann's formula to stochastic forest growth, *Journal of Economic Dynamics and Control*, **22**, 573–596.

Wilson, H.J. (2008) Handouts of Mathematical Method 4 , Department of Mathematics, University College London.

Yong, J. and X. Y. Zhou (1999) *Stochastic Controls: Hamiltonian Systems and HJB Equations*, Springer-Verlag, New York.

索　引

欧　文

CES 関数　110

HJB 方程式　34
　　無限期間の——　39
　　有限期間の——　37

smooth-pasting 条件　86
super contact 条件　95

value-matching 条件　86
verification theorem　40

あ　行

アメリカン・オプション　83
アロー・プラットの相対的リスク回避度　45
安全資産　44

閾値　53
一般解　119
伊藤過程　26
伊藤積分　25
伊藤の公式　27
伊藤の等長性　25
伊藤の補題　27
インパルス制御問題　68

ウィナー過程　16

オイラーの微分方程式　122

横断性条件　33

か　行

解析的　125
ガウス過程　17
拡散過程　26
拡散係数　7
確定特異点　125
確率過程　12
確率空間　11
確率制御　1
確率制御問題　7
確率積分　24
確率測度　116
確率微分方程式　26
確率変数　11
可測　13
価値関数　31

危険資産　44
基本解　118
級数解法　124
求積法　124
境界条件　53
境界値問題　53
ギルザノフの定理　114

クンマー関数　131
クンマー微分方程式　130

決定方程式　127

効用関数　108
合流型超幾何関数　131
合流型超幾何微分方程式　130
枯渇性資源　76
細かい事象　13
根元事象　10

さ　行

再生可能資源　96
裁定取引機会　116
最適制御　1, 31
最適制御問題　5
最適性の原理　31
最適停止問題　50
サンクコスト　87

時間選好率　108
σ-集合体　10
試行　10
自由境界問題　53
準変分不等式　71
状態変数　1
状態方程式　4
情報構造　13

制御作用素　70
制御変数　1
正常点　125
積率母関数　18
絶対連続制御問題　35

相補性条件　54
測度変換　116
続行領域　52

た　行

互いに独立　11

中心極限定理　14

通常点　125

停止時刻　50
定常増分　16
定数係数 n 階線形微分方程式　118
定数変化法　120
ディンキンの公式　40, 41
適合　14

同次方程式　118
動的計画法方程式　32
特異　125
特異制御問題　60
特異点　125
特殊解　119
特性方程式　119
独立増分　16
特解　119
ドリフト係数　7

な　行

任意抽出定理　87

は　行

ハミルトン・ジャコビ・ベルマン方程式　34
バンバン制御　57

非同次方程式　118
微分作用素　39
標本空間　10

フィルトレーション　13
不可逆的な　87
プット・オプション　83
ブラウン運動　16
　幾何──　23
　算術──　22
　標準──　16
ブラック・ショールズの公式　118
ブラック・ショールズ方程式　117

フロベニウスの方法　124

ベルヌーイ試行　11
変数係数2階線形微分方程式　124
偏微分作用素　38
変分不等式　54

ポッホハマー記号　131

ま　行

埋没費用　87
マートン問題　44
マルコフ性　19
マルチンゲール性　20

右連続　58
右連続非減少過程　58
未知境界　53
未定係数法　120

無裁定　116

や　行

ヨーロピアン・コール・オプション　117

ら　行

ランダム・ウォーク　11
　対称——　11

リアルオプション　92
リアルオプション価値　92
リスク中立　83, 113
リスク中立確率　84, 116
リスク中立世界　117
リスク中立評価方法　83
臨界値　53

劣加法性　67

ロンスキー行列式　121

わ　行

割引効用モデル　113
割引率　108

著者略歴

辻村 元男（つじむら もとお）
2001年 大阪大学大学院経済学研究科博士課程単位取得退学
現　在　同志社大学商学部准教授
　　　　博士（経済学）

前田　章（まえだ あきら）
1999年 スタンフォード大学博士課程修了
現　在　東京大学大学院総合文化研究科教授
　　　　PhD in Engineering-Economic Systems and Operations Research

---

ファイナンス・ライブラリー 14
確率制御の基礎と応用

定価はカバーに表示

2016年9月25日　初版第1刷

著　者　辻　村　元　男
　　　　前　田　　　章
発行者　朝　倉　誠　造
発行所　株式会社　朝　倉　書　店

東京都新宿区新小川町 6-29
郵便番号　162-8707
電　話　03(3260)0141
FAX　03(3260)0180
http://www.asakura.co.jp

〈検印省略〉

© 2016〈無断複写・転載を禁ず〉　　中央印刷・渡辺製本

ISBN 978-4-254-29544-3　C 3350　　Printed in Japan

JCOPY ＜(社)出版者著作権管理機構 委託出版物＞
本書の無断複写は著作権法上での例外を除き禁じられています．複写される場合は，そのつど事前に，（社）出版者著作権管理機構（電話 03-3513-6969, FAX 03-3513-6979, e-mail: info@jcopy.or.jp）の許諾を得てください．

| 首都大 木島正明・首都大 田中敬一著
シリーズ〈金融工学の新潮流〉1
資産の価格付けと測度変換
29601-3 C3350　　　　A5判 216頁 本体3800円

金融工学において最も重要な価格付けの理論を測度変換という切り口から詳細に解説〔内容〕価格付け理論の概要／正の確率変数による測度変換／正の確率過程による測度変換／測度変換の価格付けへの応用／基準財と価格付け測度／金利モデル／他

首都大 室町幸雄編著
シリーズ〈金融工学の新潮流〉2
金融リスクモデリング
―理論と重要課題へのアプローチ―
29602-0 C3350　　　　A5判 216頁 本体3800円

実務家および研究者を対象とした，今後のリスク管理の高度化に役立つ実践的書。〔内容〕ARCH型不均一モデル／コピュラによる確率変数の依存関係の表現／レジームスイッチングモデル／極値理論／リスク量のバイアス／コア預金モデル／他

首都大 木島正明・首都大 中岡英隆・首都大 芝田隆志著
シリーズ〈金融工学の新潮流〉4
リアルオプションと投資戦略
29604-4 C3350　　　　A5判 192頁 本体3600円

最新の金融理論を踏まえ，経営戦略や投資の意思決定を行えることを意図し，実務家向けにまとめた入門書。〔内容〕企業経営とリアルオプション／基本モデルの拡張・撤退・停止・再開オプションの評価／ゲーム論的リアルオプション／適用事例

東邦大 並木 誠著
応用最適化シリーズ 1
線 形 計 画 法
11786-8 C3341　　　　A5判 200頁 本体3400円

工学，経済，金融，経営学など幅広い分野で用いられている線形計画法の入門の教科書。例，アルゴリズムなどを豊富に用いながら実践的に学べるよう工夫された構成。〔内容〕線形計画問題／双対理論／シンプレックス法／内点法／線形相補性問題

流経大 片山直登著
応用最適化シリーズ 2
ネットワーク設計問題
11787-5 C3341　　　　A5判 216頁 本体3600円

通信・輸送・交通システムなどの効率化を図るための数学的モデル分析の手法を詳説〔内容〕ネットワーク問題／予算制約をもつ設計問題／固定費用をもつ設計問題／容量制約をもつ最小木問題／容量制約をもつ設計問題／利用者均衡設計問題／他

九大 藤澤克樹・阪大 梅谷俊治著
応用最適化シリーズ 3
応用に役立つ50の最適化問題
11788-2 C3341　　　　A5判 184頁 本体3200円

数理計画・組合せ最適化理論が応用分野でどのように使われているかについて，問題を集めて解説した書〔内容〕線形計画問題／整数計画問題／非線形計画問題／半正定値計画問題／集合被覆問題／勤務スケジューリング問題／切出し・詰込み問題

筑波大 繁野麻衣子著
応用最適化シリーズ 4
ネットワーク最適化とアルゴリズム
11789-9 C3341　　　　A5判 200頁 本体3400円

ネットワークを効果的・効率的に活用するための基本的な考え方を，最適化を目指すためのアルゴリズム，定理と証明，多くの例，わかりやすい図を明示しながら解説。〔内容〕基礎理論／最小木問題／最短路問題／最大流問題／最小費用流問題

早大 椎名孝之著
応用最適化シリーズ 5
確 率 計 画 法
11790-5 C3341　　　　A5判 180頁 本体3200円

不確実要素を直接モデルに組み入れた本最適化手法について，理論から適用までを平易に解説した初の成書。〔内容〕一般定式化／確率的制約問題／多段階確立計画問題／モンテカルロ法を用いた確率計画法／リスクを考慮した確率計画法／他

京大 山下信雄著
応用最適化シリーズ 6
非 線 形 計 画 法
11791-2 C3341　　　　A5判 208頁 本体3400円

基礎的な理論の紹介から，例示しながら代表的な解法を平易に解説した教科書〔内容〕凸性と凸計画問題／最適性の条件／双対問題／凸2次計画問題に対する解法／制約なし最小化問題に対する解法／非線形方程式と最小2乗問題に対する解法／他

慶大 中妻照雄著
ファイナンス・ライブラリー12
実践 ベイズ統計学
29542-9 C3350　　　　A5判 180頁 本体3400円

前著『入門編』の続編として，初学者でも可能なExcelによるベイズ分析の実際を解説。練習問題付き〔内容〕基本原理／信用リスク分析／ポートフォリオ選択／回帰モデルのベイズ分析／ベイズ型モデル平均／数学補論／確率分布と乱数生成法

| 慶大 林 髙樹・京大 佐藤彰洋著 ファイナンス・ライブラリー13 **金融市場の高頻度データ分析** ―データ処理・モデリング・実証分析― 29543-6 C3350　A5判 212頁 本体3700円 | 金融市場が生み出す高頻度データについて，特徴，代表的モデル，分析方法を解説。〔内容〕高頻度データとは／探索的データ分析／モデルと分析（価格変動，ボラティリティ変動，取引間隔変動）／テールリスク／外為市場の実証分析／他 |

| 名城大 木下栄蔵・国士舘大 大屋隆生著 シリーズ〈オペレーションズ・リサーチ〉1 **戦略的意思決定手法AHP** 27551-3 C3350　A5判 144頁 本体2700円 | 様々な場面で下される階層下意思決定について，例題を中心にやさしくまとめた教科書。〔内容〕パラダイムとしてのAHP／AHP／外部従属法／新しいAHPの動向／支配型AHPと一斉法／集団AHP／AHPにおける一対比較行列の解釈 |

| 京大 加藤直樹・関学大 羽室行信・関西大 矢田勝俊著 シリーズ〈オペレーションズ・リサーチ〉2 **データマイニングとその応用** 27552-0 C3350　A5判 208頁 本体3500円 | データベースからの知識発見手法を文科系の学生も理解できるよう数式を最小限にとどめた形で適用事例まで含め平易にまとめた教科書〔内容〕相関ルール／数値相関ルール／分類モデル／決定木／数値予測モデル／クラスタリング／応用事例／他 |

| 慶大 田村明久著 シリーズ〈オペレーションズ・リサーチ〉3 **離散凸解析とゲーム理論** 27553-7 C3350　A5判 192頁 本体3400円 | 離散凸解析を用いて，安定結婚モデルや割当モデルを一般化した解法につき紹介した教科書。〔内容〕離散凸解析概論／組合せオークション／割当モデルとその拡張／安定結婚モデルとその拡張／割当モデルと安定結婚モデルの統一モデル／他 |

| 元名工大 大野勝久著 シリーズ〈オペレーションズ・リサーチ〉4 **Excelによる生産管理** ―需要予測，在庫管理からJITまで― 27554-4 C3350　A5判 208頁 本体3200円 | 実務家・文科系学生向けに生産・在庫管理問題をExcelの強力な機能を活用して解決する手順を明示〔内容〕在庫管理と生産管理／Excel概論とABC分布／確実環境下の在庫管理／生産計画／輸送問題とスケジューリング／需要予測MRP／他 |

| 前東工大 今野 浩・中大 後藤順哉著 シリーズ〈オペレーションズ・リサーチ〉5 **意思決定のための 数理モデル入門** 27555-1 C3350　A5判 168頁 本体3000円 | 大学生の学生生活を例に取り上げながら，ORの理論が実際問題にどのように適用され問題を解決するかを実践的に解説。〔内容〕線形計画法／多属性効用分析／階層分析法／ポートフォリオ理論／データ包絡分析法／ゲーム理論／投票の理論／他 |

| 前広大 坂和正敏著 シリーズ〈オペレーションズ・リサーチ〉6 **線形計画法の基礎と応用** 27556-8 C3350　A5判 184頁 本体2900円 | 身近な例題を数多く取り入れながら，わかりやすい解説を心掛けた初心者教科書。〔内容〕2変数の線形計画モデル／Excelソルバーによる定式化と解法／整数計画法／多目的線形計画法／ファジィ線形計画法／食品スーパーの購買問題への応用 |

| 同志社大 津田博史・慶大 中妻照雄・筑波大 山田雄二編 ジャフィー・ジャーナル：金融工学と市場計量分析 **非流動性資産 リアルオプション の価格付けと** 29009-7 C3050　A5判 276頁 本体5200円 | 〔内容〕代替的な環境政策の選択／無形資産価値評価／資源開発プロジェクトの事業価値評価／冬季気温リスク・スワップ／気温オプションの価格付け／風力デリバティブ／多期間最適ポートフォリオ／拡張Mertonモデル／株式市場の風見鶏効果 |

| 同志社大 津田博史・慶大 中妻照雄・筑波大 山田雄二編 ジャフィー・ジャーナル：金融工学と市場計量分析 **ベイズ統計学とファイナンス** 29011-0 C3050　A5判 256頁 本体4200円 | 〔内容〕階層ベイズモデルによる社債格付分析／外国債券投資の有効性／株式市場におけるブル・ベア相場の日次データ分析／レジーム・スイッチング不動産価格評価モデル／企業の資源開発事業の統合リスク評価／債務担保証券（CDO）の価格予測 |

| 同志社大 津田博史・慶大 中妻照雄・筑波大 山田雄二編 ジャフィー・ジャーナル：金融工学と市場計量分析 **定量的信用リスク評価とその応用** 29013-4 C3050　A5判 240頁 本体3800円 | 〔内容〕スコアリングモデルのチューニング／格付予測評価指標と重み付き最適化／小企業向けスコアリングモデルにおける業歴の有効性／中小企業CLOのデフォルト依存関係／信用リスクのデルタヘッジ／我が国におけるブル・ベア市場の区別 |

日本金融・証券計量・工学学会編
ジャフィー・ジャーナル：金融工学と市場計量分析
バリュエーション
29014-1 C3050　　　　A 5 判 240頁 本体3800円

〔内容〕資本コスト決定要因と投資戦略への応用／構造モデルによるクレジット・スプレッド／マネジメントの価値創造力とM&Aの評価／銀行の流動性預金残高と満期の推定モデル／不動産価格の統計モデルと実証／教育ローンの信用リスク

日本金融・証券計量・工学学会編
ジャフィー・ジャーナル：金融工学と市場計量分析
市場構造分析と新たな資産運用手法
29018-9 C3050　　　　A 5 判 212頁 本体3600円

市場のミクロ構造を分析し資産運用の新手法を模索〔内容〕商品先物価格の実証分析／M&Aの債権市場への影響／株式リターン分布の歪み／共和分性による最適ペアトレード／効用無差別価格による事業価値評価／投資法人債の信用リスク評価

日本金融・証券計量・工学学会編
ジャフィー・ジャーナル：金融工学と市場計量分析
実証ファイナンスとクオンツ運用
29020-2 C3050　　　　A 5 判 256頁 本体4000円

コーポレートファイナンスの実証研究を特集〔内容〕英文経済レポートのテキストマイニングと長期市場分析／売買コストを考慮した市場急変に対応する日本株式運用モデル／株式市場の状態とウィナーポートフォリオのポジティブリターン／他

日本金融・証券計量・工学学会編
ジャフィー・ジャーナル：金融工学と市場計量分析
リスクマネジメント
29022-6 C3050　　　　A 5 判 224頁 本体3800円

様々な企業のリスクマネジメントを特集〔内容〕I-共変量と個別資産超過リスクプレミアム／格付推移強度モデルと信用ポートフォリオ／CDS市場のリストラクチャリングプレミアム／カウンターパーティーリスク管理／VaR・ESの計測精度／他

日本金融・証券計量・工学学会編
ジャフィー・ジャーナル：金融工学と市場計量分析
ファイナンスとデータ解析
29024-0 C3050　　　　A 5 判 288頁 本体4600円

〔内容〕一般化加法モデルを用いたJEPX時間帯価格予測と入札量／業種間の異質性を考慮した企業格付評価／大規模決算書データに対するk-NN法による欠損値補完／米国市場におけるアメリカンオプションの価格評価分析／他

日本金融・証券計量・工学学会編
ジャフィー・ジャーナル：金融工学と市場計量分析
ファイナンスにおける 数値計算手法の新展開
29025-7 C3350　　　　A 5 判 196頁 本体3400円

〔内容〕ニュースを用いたCSR活動が株価に与える影響の分析／分位点回帰による期待ショートフォール最適化とポートフォリオ選択／日本市場センチメント指数と株価予測可能性／小企業のEL推計における業歴の有効性

早大 豊田秀樹編著
基礎からのベイズ統計学
ハミルトニアンモンテカルロ法による実践的入門
12212-1 C3041　　　　A 5 判 248頁 本体3200円

高次積分にハミルトニアンモンテカルロ法（HMC）を利用した画期的な初級向けテキスト。ギブズサンプリング等を用いる従来の方法より非専門家に扱いやすく、かつ従来は求められなかった確率計算も可能とする方法論による実践的入門。

早大 豊田秀樹著
はじめての 統計データ分析
―ベイズ的〈ポストp値時代〉の統計学―
12214-5 C3041　　　　A 5 判 212頁 本体2600円

統計学への入門の最初からベイズ流で講義する画期的な初級テキスト。有意性検定によらない統計的推測法を高校文系程度の数学で理解。〔内容〕データの記述／MCMCと正規分布／2群の差（独立・対応あり）／実験計画／比率とクロス表／他

前中大 小林道正著
ファイナンスと確率
29023-3 C3050　　　　A 5 判 144頁 本体2600円

ファイナンスのための「確率」入門。〔内容〕株価変動／ベイズの定理／確率変数と確率分布／平均・分散・標準偏差／2項分布・ポアソン分布ほか／中心極限定理／ランダムウォーク・マルコフ連鎖ほか／ブラック・ショールズ微分方程式ほか

日大 清水千弘著
市場分析のための 統計学入門
12215-2 C3041　　　　A 5 判 160頁 本体2500円

住宅価格や物価指数の例を用いて、経済と市場を読み解くための統計学の基礎をやさしく学ぶ。〔内容〕統計分析とデータ／経済市場の変動を捉える／経済指標のばらつきを知る／相関関係を測定する／因果関係を測定する／回帰分析の実際／他

上記価格（税別）は 2016 年 8 月現在